家装设计师必备

THE INTERIOR DESIGNER DESK BOOK

软装设计

理想·宅　编

中国电力出版社
www.cepp.sgcc.com.cn

内容提要

本书将家居软装设计进行了全面系统的整合，通过清晰明了的条理、深入浅出的文字、丰富实用的内容以及大量精美的图片，让读者迅速领略家居软装设计不同方向的要点。即使是刚入行的设计师，阅读后也能对家居软装设计进行指导或自己独立设计，可谓是一本集专业性、便捷性、高效性为一体的家居软装设计指南大全。

图书在版编目（CIP）数据

软装设计 / 理想·宅编. — 北京：中国电力出版社，2017.1
（家装设计师必备）
ISBN 978-7-5198-0219-6

Ⅰ. ①软… Ⅱ. ①理… Ⅲ. 室内装饰设计 Ⅳ. ①TU238

中国版本图书馆 CIP 数据核字（2016）第 323448 号

中国电力出版社出版发行
北京市东城区北京站西街19号　100005　http://www.cepp.sgcc.com.cn
责任编辑：曹　巍　责任印制：郭华清　责任校对：王小鹏
北京盛通印刷股份有限公司印刷·各地新华书店经售
2017年1月第1版·第1次印刷
700mm×1000mm 1/16·13印张·261千字
定价：68.00 元

软装元素，作为可以移动的装修，更能体现居住者的品味，是营造家居氛围的点睛之笔。它打破了传统的装修行业界限，将纺织品、收藏品、灯具、花艺、植物等重新组合，形成一种新的装饰理念。软装饰可以根据居室的大小、户型以及居住者的生活习惯、爱好和经济情况，从整体上综合策划个性的装饰装修方案，不会让“家”千篇一律。如果家居装饰过于陈旧或想要维持新鲜感，也不必花费太多资金来重新装修，只需要更换软装就能呈现出不同的家居面貌。了解软装的具体内容及设计要点，是每个家居设计师都必备的专业素养之一。

本书由“理想·宅 Ideal Home”倾力打造，甄选了九种家装软装元素，从风格、空间、材料、造型等多个方面，对每一种软装的关键性设计元素进行了全面而细致的剖析。同时，利用设计关键点、搭配要点等实用常识，为读者提供快速打造不同家居软装设计的绝佳技巧。另外，书中还精选了大量符合风格特征的精美图片作为辅助性说明，以更加直观的方式，令读者了解不同的家居设计风格。

参与本书编写的有杨柳、赵利平、武宏达、黄肖、董菲、杨茜、赵凡、刘向宇、王广洋、邓丽娜、安平、马禾午、谢永亮、邓毅丰、张娟、周岩、朱超、王庶、赵芳节、王效孟、王伟、王力宇、赵莉娟、孙淼、杨志永、叶欣、张建、张亮、赵强、郑君、叶萍等人。

编者

目录 CONTENTS

Part 2 灯具

Part 3 布艺

Part 4 装饰镜

Part 5 工艺品

Part 6 装饰花艺

Part 7 餐具

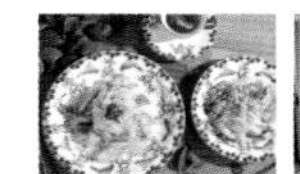

Part 8 装饰画

Part 9 绿色植物

Part 1
家具

家具是生活必须的一种元素，它既是物质产物又是艺术品。在室内设计中，家具除了满足基本生活起居的需求外，还体现出居住环境的完整设计风格，反映出居住者的职业特征、审美趣味和文化素养。

◆ 百变的功能性，承担了家居生活中不同重要角色

家具功能

家具的四大元素指材料、结构、外观和功能，其中功能是先导，是推动家具发展的动力，任何一件家具的设计制作都是为了满足使用功能而产生的。家具按照功能性可以分为坐卧家具、储藏家具、凭倚家具、陈列家具和装饰性家具。

设计师推荐 **装饰性家具**

设计要点 此类家具比较适合面积比较宽敞的空间，能够增添华丽感和品味感。

装饰性家具除了具有家具的正常功能外，还具有很强的装饰性，表面通常带有贴面、涂饰、烙花、镶嵌、雕刻、描金等装饰性元素。可以作为一种装饰品和艺术品对家居环境进行装点。

坐卧家具

坐卧家具也叫支撑类家具，是最早产生的一种家具，也是使用最多、最广泛的一类家具。此类家具能够满足人们日常的坐卧需求，包括凳类、椅类、沙发类、床类等。

设计要点 此类家具尺寸划分较细致，可以根据需求和空间面积具体选择合适的款式。

储藏家具

用来陈放衣物、被褥、书籍、食品、器皿、用具或展示装饰品等的家具。包括衣柜、五斗柜、床头柜、书柜、文件柜、电视柜、装饰（间隔）柜、餐具柜等。

根据家具的款式和大小，结合实际需要安排具体的位置，款式宜结合整体风格选择。

凭倚家具

供人们倚凭、伏案工作，同时也兼有收纳物品功能的家具。包括两类：一是桌台类，有写字台、餐桌、梳妆台、电脑台等；二是几案类，有茶几、条几、花几（架）、炕几等。

桌台类占空间较多，适合大空间；几案类占面积小，适合放在公共空间的各区域中。

陈列家具

陈列家具的作用是展示居住者收集的一些工艺品、收藏品或书籍，包括有博古架、书架、展示架等。

很适合有收藏爱好的居住者，此类家具不属于家庭必备类型。

◆ 根据风格选家具，能够让装饰更贴近设计主题

家具风格

家居装饰风格被人们所熟知，而对应的，家具也可以按照风格来分类，不同风格的家具对应不同的家居装饰风格，有的可以进行混搭，但有一些不能够混搭，容易让人感觉不伦不类。

设计师推荐 1 简约家具

设计要点：家具数量不宜过多，在装饰与布置中最大限度地体现空间与家具的整体协调。

简约风格的家具造型简单，线条利落、流畅，色彩对比强烈。材料上大量使用钢化玻璃，不锈钢等新型材料作为辅料，其特点是简约、实用、美观、质感、有内涵。

设计师推荐 2 现代家具

设计要点：现代风格的家具更适合现代人的口味，特别是年轻人。

家具多以冷色或有个性的色彩为主；材料多使用金属、玻璃、塑料等，材料之间的关系夸张；造型多有设计感和前卫性，如一体成形式的曲线家具等。

北欧家具

北欧家具外形简洁有力度感，色泽自然，崇尚自然原味，木材为最常用的材料，皮革、棉麻、藤等天然材料也较为常见。此类家具强调结构与舒适性的结合，讲究满足人体工程学的设计理念。

设计要点

注重功能性，设计以人为本。适合讲究家具造型与人体设计结合的居住者。

欧式家具

欧式家具可以分为欧式古典家具和新古典家具。古典家外观华丽，用料考究，工艺细致，具有厚重的历史感，多见金色、银色描边或花纹。新古典家具多与现代元素结合。

设计要点

欧式古典家具适合华丽的大空间，新古典家具对居室面积没有特殊要求。

美式家具

美式风格家具以享受为最高原则，面料、皮质上强调舒适性；材质多以白栎木、桃花心木或樱桃木为主，线条简单，保留有木材的原始纹理和质感；色彩多为自然色调，土褐色、绛红色等最多见。

设计要点

具有厚重感和历史感，需要足够的空间来容纳，否则很容易让人感觉憋闷。

东南亚家具

东南亚家具的设计通常没有装饰性的线条，多为简单、简洁的设计。色泽也表现为以原藤、原木的原色色调为主，或多为褐色等深色系，在视觉上有泥土的质朴。

家具多质朴，为了体现热带风情，多搭配绚丽的泰丝布艺。

日式家具

日式家具的品种很少，但特色鲜明，主要以清新自然为主基调，洋溢一种怡人的感觉。线条简洁、工艺精致。多直接取材于自然，不推崇豪华奢侈，重视实用性。

日式风格的家具有种简单、优雅的韵味，可与中式风格混搭。

韩式家具

韩式风格家具凸显清新婉约感，外观雅致、休闲；色彩多以淡雅的板岩色或者白色为主； 线条简化、体积粗犷； 材料多以实木、印花布、手工纺织的呢料、麻织物等为主，造型优美，又便于打理。

不宜大面积的使用，会造成视觉上的凌乱感。

地中海家具

属于自然风格中的一种，家具设计倡导回归自然，家具线条圆润、自然；色彩设计纯美，具有代表性的是蓝色组合、蓝黄绿组合和大地色组合；选材自然，没有繁复的雕花。

蓝白和蓝黄绿的配色非常好控制，但大地色的家具很容易沉闷，需精心搭配。

法式家具

法式家具包括洛可可式和巴洛克式，设计繁复，常见各种复杂装饰、雕刻，如花、叶、动物等。多见曲线造型。大部分都带有金箔装饰，椅座和椅背有坐垫设计，以增加舒适感。

属于华丽的古典家具，典雅、厚重而高贵，适合华丽的风格和大面积空间。

中式家具

中式风格的家具，吸取了传统家具形、神的特征，去掉传统家具的弊端和多余的雕刻，糅合现代西式家具的舒适；多以深色为主，如以黑白灰为主或者在黑白灰基础上加上皇家的蓝、红、黄等色彩。

适合比较宽敞的空间，可以与欧式、现代、东南亚风格的家具混搭。

◆ 不同材质不同特点，选对材质才能让家具更个性

家具材质

材料也是家具的重要构成元素之一，即使是相同造型的家具，使用不同的材料所呈现的感觉也是不同的，且有些材料的造型和特性是无可比拟的。了解不同材料家具的特点，能够更好地进行室内软装设计。

设计师推荐 1 板式家具

板式家具可拆卸，造型变化多，外观时尚，不易变形，适合多数家庭。

板式家具是指由中密度纤维板或刨花板进行表面贴面等工艺制成的家具。绝大部分的板式家具采用仿木纹，具有一些实木的表象，但价格比实木低，好保养，是主流的木家具。

设计师推荐 2 布艺家具

布艺家具的最大特点就是经济、实用、维护方便，很适合人口多的家庭。

布艺家具具有优雅的造型、和谐的色彩和多变的图案，同时还具有柔和的质感，且可清洗，可更换布套，清洁维护或居家装饰十分方便并富变化性。

实木家具

实木家具是直接采集天然木材加工制成，是木材类家具中第一代产品，易于加工、造型和雕刻。具有独特的纹理和温润的质感，是其他材料无法代替的。

实木家具具有原始、自然之美，给人一种亲切感，但不适合非常干燥的环境。

曲木家具

曲木家具是利用木材可弯曲的特性，将木材加热、加压，使其弯曲，形成一体式的造型。曲木家具最典型的代表是椅子，其次多见于屏风和编织家具的腿部。

曲木家具造型简约，具有现代美感，适合北欧、简约、现代等风格的居室。

软体家具

软体家具指以木质材料、金属等为框架，用弹簧、绷带、泡沫等作为承重材料，表面以皮、布、化纤面料包覆制成的家具，其特点是以软体材料为主，表面柔软。

常见的为软体沙发、床等，根据空间的风格和面积搭配合适的款式即可。

编织家具

以竹、藤、草、柳枝为原料编织而成的家具，此类家具轻便、舒适，色彩雅致，造型独特，有一种纯朴自然的美感。但相对来讲，藤竹家具似乎不如钢质、木质家具那么结实，需要注意保养。

具有自然韵味，适合带有田园风格的居室，简约风格的居室可以放在阳台上。

金属家具

以金属管材、板材或棍材等作为主架构，配以木材、人造板、玻璃、石材等制作的家具和完全由金属材料制作的家具，统称金属家具，它款式多、装饰性强、线条硬朗。

能使家居风格多元化和更富有现代气息，适合比较现代的风格。

玻璃家具

通过添加不同微量元素，可以将玻璃调制出各种颜色，同时可以配上高精度雕刻或喷涂出来的图案，使玻璃家具更为华丽动人。刻花玻璃家具形态逼真，具有艺术特点，不仅是家具还是装饰品。喷花的玻璃家具能拓宽立体空间。

晶莹剔透、耐洗刷，虽然现在安全程度有所提高，仍不建议有小孩的家庭使用。

皮质家具

皮质家具质地柔软，透气，保暖性能佳，能够给予人最舒适的感受，分为仿皮、环保皮、超纤皮、真皮几种类型，其中真皮质感最佳，好的真皮家具十分耐用、好保养。

设计要点 皮质家具非常百搭，基本上适合各种类型的居室，但不适合有宠物的家庭。

塑料家具

塑料家具多为一体成形，有着天然材料家具无法达到的优势和装饰性，它色彩丰富，防水防锈，非常好打理，好的塑料家具可以回收利用，非常环保。

设计要点 造型感强的塑料家具非常适合搭配简约风格和现代风格的家居。

石材家具

石材家具是指以石材为材料的家具，可以分为天然大理石、人造大理石和树脂人造大理石三类。石材家具有厚重、大气、凉爽、简洁，能为家居空间增加硬朗的气质，特别是天然的石材，具有无可比拟的艺术感。

设计要点 与其配套的家具要具有能够与其均衡的气场，否则很容易失去整体感。

◆ 具有重要地位，在家居中具有引领整体的作用

客厅家具

客厅家具应注重“以人为本”的功能需求。所选家具的色调既要与居室整体环境相协调，又能够体现出居住者的性格和爱好，其本质是让家具为人服务，而不是为了让人来适应家具，不要空泛地只注重装饰性而忽略了实用性和舒适度。

设计师推荐 三人沙发

设计要点 占据空间很大，如果空间面积小，不适合使用三人沙发。

三人沙发在客厅中通常占据主要地位，同样，三人沙发并不是只能坐三人的沙发，可以坐4～5个人。它的款式也比较单一，最常用的是双扶手的款式，尺寸为1.75～1.96m。

单人沙发

适合单个人坐的沙发，款式多样，分为双扶手单人沙发、单扶手单人沙发和无扶手单人沙发，在客厅中适合与三人沙发或双人沙发以组合形式使用，样式总体可以分为方形和圆形两种。

设计要点 根据客厅面积选择合适的款式和数量，如果面积小使用一个单人沙发即可。

双人沙发

双人沙发并不是只可以坐两个人，正常双人沙发可以坐下3～4个人。双人沙发的款式比较单一，主要依靠材料的不同来制造变化。双人沙发的长度为1.3～1.5m。

双人沙发主要是依靠材料做变化，选择时可根据居室风格选择相应的材料和色彩。

贵妃榻

贵妃榻可坐可躺，工艺精致，注重细节，靠背多带弧度，形态优美，风格多样，具有代表性的有中式榻、欧式榻、现代榻和田园榻等，长度等同于双人沙发。

多与沙发组合使用，所以客厅面积不能过小，适合与三人式的主沙发组合。

脚凳

脚凳属于凳子的一种，可与沙发配套使用，也可以单独使用，市面上流行的脚凳有布艺、皮质以及藤制材料等。它占地面积小， 使用非常灵活， 可以作为单人座椅使用，有圆形、方形等多种造型。

空间不够容纳多个沙发时，可以多用几个脚凳，不仅实用，还能增强装饰性。

电视柜

电视柜最早产生是为了方便摆放电视，随着壁挂电视的推广，现在的电视柜多为集电视、机顶盒、DVD、音响设备、碟片等产品收纳和摆放于一体的家具，更兼顾展示用途。

设计要点 根据物品的多少选择恰当的款式，若物品数量多，可以选择组合电视柜。

茶几

茶几是最常见的客厅家具之一，它一般摆放在沙发区的中央，作用是存放一些沙发区的常用物品，例如果盘、烟灰缸、茶杯等，同时兼具展示工艺品或花卉的作用。

设计要点 建议与沙发风格配套，材质可以不同。还可以使用一些古老的柜子作茶几。

角几

角几是一种比较小巧的桌几，因为体积小、质量轻，可以灵活地移动，造型多变，可选择性多。一般摆放于角落、沙发边等，方便放置常用的、经常流动的小物件或电话。

设计要点 角几的颜色要与整体空间相协调，大小和形状需根据所放位置的空间选择。

条几

长条形的几案，占地面积小，在客厅中适合摆放在沙发背后，或者过道的墙附近。属于装饰性的家具，主要作用是用来摆放工艺品或者装饰花艺。

设计要点 适合大客厅，建议根据居室的整体风格和面积选择合适的款式。

斗柜

斗柜属于储藏家具，收纳能力很强，但功能比较单一。它由多个抽屉并排组合，便于收纳小型物品，常见的造型有三斗柜、四斗柜、五斗柜、六斗柜、七斗柜等。

设计要点 斗柜的颜色和用材还要和客厅的其他家具一致，通常来说田园斗柜较为百搭。

TIPS

客厅家具的大小和数量应与居室空间协调

空间面积较大的客厅可以选择较大的家具，数量也可适当增加一些。家具太少，容易造成室内空荡荡的感觉。而空间面积较小的客厅，则应选择一些精致、轻巧的家具。家具太多太大，会使人产生一种窒息感与压迫感。另外，家具的形色不会都是一样的，所以一定要注意个体家具之间、家具与整体环境之间的过渡与呼应。例如，沙发与茶几都是简洁的造型，彼此之间有很好的呼应；茶几上的布艺饰品则给视觉一个和谐的过渡，使得空间变得非常流畅、自然。

◆ 与用餐有关的设计，除了美观还应满足舒适度

餐厅家具

餐厅是就餐场所，家具的款式、色彩和材质需要精心地挑选，不仅仅影响装修效果，还与人们进餐的食欲有很大的关系。除了与客厅的风格搭配外，还应配备餐边柜，用以存放一些常用的餐具和用品，如果空间足够还应考虑摆设临时存放食品的柜子。

设计师推荐 边柜

如果餐厅面积较大，可以选择大体量多功能的餐边柜。

边柜指放置在餐厅一侧，靠墙摆放，用来存储一些常用餐具、用餐物品的收纳柜。边柜的上方还可作为展示使用，摆放一些艺术品或者花卉，以丰富餐厅的装饰效果。

餐桌

餐桌的主要作用是摆放餐具和食物供人们享用，现代居室中的餐桌除了满足此项要求外，还具有装饰作用。餐桌按照形状可以分为圆形、方形和长方形三种，适合不同大小的餐厅。

小餐厅适合1.2m的餐桌，两人适合1.4m左右的餐桌，多人适合大于1.6m的餐桌。

餐椅

餐椅是与餐桌配套使用的家具，主要作用是供人们坐下用餐。餐椅的风格和颜色可以与餐桌配套，但在有些家居风格中，餐椅还可与餐桌在颜色上形成反差，塑造个性感。

设计要点 根据餐桌的大小搭配合适数量的餐椅，可以成套购买，也可以单独搭配个性餐椅。

酒柜

用来存储或展示酒类的柜子，所陈列的不同颜色的酒类，能够为餐厅增添多种色彩，赏心悦目的同时还可以让人食欲大增。酒柜可以分为木质酒柜和合成酒柜，家用多为木质酒柜。

设计要点 酒柜多为定制产品，在设计时需要注意高度，建议不要超过1.8m，否则会取用不便。

条几

如果餐厅的面积够大，除了必备的餐边柜外，还可以在另一侧的墙面靠墙摆放一个条几，用以摆放一些装饰品或者酒品来丰富空间的层次感。此处的条几不宜过宽，不能影响人们活动。

设计要点 如果餐厅内的家具数量很多，建议选择同种风格或颜色的组合，避免混乱。

卧室家具

卧室是比较私密的空间，也是最为个性和浪漫的空间，家具的选择可以完全依照主人的喜好而定。家具的布置应全面，不仅能够提供一个舒适的睡眠环境，同时还应具有储物的功能。

床

床是卧室必备的家具之一，不仅具备实用性，也是装饰品。床的种类有平板床、四柱床、双层床等。如果空间允许，床应该越大越好。

挑选床除了要注重装饰性外，更应注重舒适度，包括高度和软硬程度。

床头柜

床头柜是放在床头两侧可供存放杂品用的家具，属于近现代家具产品。不仅能够满足储物功能，还具有装饰性，上面可以摆放相框、鲜花或者台灯等。

除了对称式摆放外，还可以选择设计感强的单侧摆放，或者用储物盒来代替。

床尾凳

床尾凳是摆放在床尾的长条形凳子，除了可以摆放衣服外，还可以供与友人坐在上面交谈,具有较强装饰性和少量的实用性，它并非卧室中必备的家具。

经济状况比较宽裕的家庭建议选用，可以从细节上提升卧房品质。

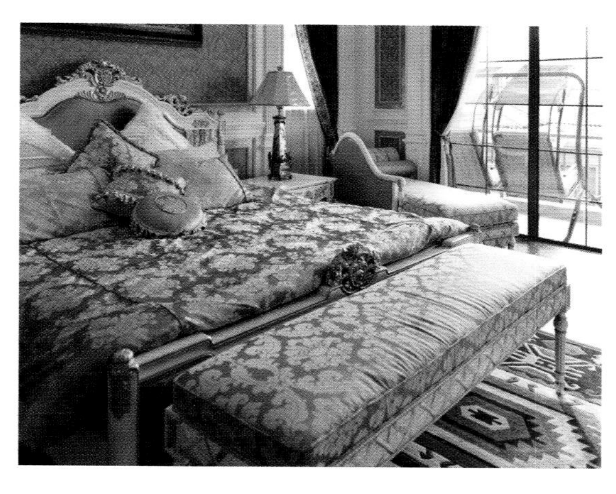

卧榻

放在卧室中可躺可坐的家具，通常是放在床边比较宽敞的一侧，最佳位置是阳台一侧。适合用于非长时间睡眠的时候，体积比床小，适合空间比较宽敞的卧室。

风格和颜色应与卧室中的其他家具相协调，可选择同系列产品。

电视柜

卧室中的电视柜通常是用来满足储物和装饰作用的，不是必备的卧室家具。电视柜的尺寸可根据空间面积选择，如果床尾部分剩余的空间较少，可以选择窄款或者壁挂式的电视柜。

床是卧室中的主角，电视柜的颜色和风格应与床协调。

衣柜

衣柜的作用是存放衣物，常见的衣柜可分为移门衣柜、推拉门衣柜、平开门衣柜和开放式衣柜，是家庭常用家具之一。在卧室中，通常靠墙放置，空间允许的话可设计成步入式的。

设计要点：根据使用人数来决定衣柜的尺寸，建议定制，更能满足需求。

斗柜

与客厅中的斗柜作用相同，不属于卧室中的必备家具，如果空间面积很宽敞，可以选择一到两个来存放小件的衣物，上面可以摆放一些装饰品来丰富装饰效果。

设计要点：根据卧室的面积选择样式，如果面积不大，建议不要超过五斗。

梳妆台

用来化妆和摆放、收纳化妆用品的家具，适用于有女士的家庭，属于卧室常备家具之一。分为独立式和组合式，独立式梳妆台完全独立，组合式是与其他家具组合在一起的款式，适合大空间。

设计要点：梳妆台的台面最佳尺寸为400mm×1000mm，合适高度为700～750mm。

梳妆凳

梳妆凳一般搭配梳妆台、梳妆镜一起使用。大部分梳妆台会配套梳妆凳，配套的梳妆凳通常无论是风格还是高度都较为合适。常见的梳妆凳造型分为方形和圆形。

如果没有与梳妆台配套的产品，可搭配与梳妆台同风格或颜色的款式。

休闲椅

休闲椅是平常享受闲暇时光用的椅子，这种椅子不像其他椅子那样正式，通常在材料或者色彩、外形设计上有一些小个性，种类很多，能够为卧室增加一些休闲感和个性。

建议在靠近卧室阳台或窗的位置摆放，除了装饰性还应兼具舒适感。

TIPS

卧室家具要以不拥挤为前提

解决卧室空间拥挤的问题，在家具方面要注意：凡是碰到天花板的柜体，尽量放在与门同在的那堵墙或者站在门口往里看时看不到的地方；凡是在门口看得到的柜体，高度尽量不要超过2.2m；空间布置尽量留白，即家具之间需要留出足够的空墙壁。

◆ 关爱儿童成长健康，除了实用还应符合儿童个性

儿童家具

房间对于孩子的意义不仅是睡觉的地方，他们的大部分时间都在这里度过。儿童房间就是孩子的独立空间，可以充分展现个性和解放天性。舒适而又充满个性的儿童家具，会让孩子的每一天都更加精彩。

设计师推荐 儿童床

婴儿床需要具有舒适性和足够的活动空间，大孩子的床还需要一定的存储空间。

供儿童睡眠用的家具，根据儿童年龄的不同，可以分为摇篮床、单人床和双层床三种。儿童房作为独立的空间，床的选择可以个性一些，色彩和造型建议体现儿童的年龄特点。

床头柜

所有床头柜的功能都是相同的，在儿童房中，如果孩子的年龄不大，使用摇篮床或双层床，就不需要使用床头柜。使用单人床，可以搭配一个或两个床头柜。

儿童床头柜的色彩和款式，宜与房内的其他家具如儿童床或书桌搭配设计。

书桌

儿童书桌是供儿童学习用的家具，放在儿童房中使用更为方便。可根据孩子性格选择，较内向的孩子，宜用色彩对比强烈的书桌；性格较暴躁的儿童，宜用线条柔和的书桌。

在选择时一定要严格要求，材质、安全系数等都要考虑周全。

学习椅

学习椅是与学习桌配套使用的家具。选择与书桌配套的款式是最佳的，无论从外观还是舒适度上都会比较协调，单独配置一定要注意高度。

儿童处于成长发育阶段，除了注重装饰性，更应注重椅子设计的功能合理性。

休闲椅

休闲椅是儿童房中除了学习用途以外，用于玩耍、休息等的椅子。款式和颜色多样，多具有儿童年龄的特点，比成人式的休闲椅更加活泼、具有童真。材料上建议选择木质或者布料的，舒适且安全。

儿童房内的休闲椅的颜色与其他家具的色彩冲突感可以强一些。

衣柜

儿童衣柜的作用同成人衣柜相同，都是用来收纳衣物。建议选择正常衣柜的尺寸，随着孩子的成长，衣物也会越来越多，如果使用小衣柜可能不能满足储物需求。

可以在素色的衣柜上贴画或者手绘，来表现儿童特点。

边柜

儿童房中总是有些零碎的东西需要整理，多使用一些边柜来收纳可以让空间更整洁。儿童边柜的作用与成人款相同，可以摆放在尽量靠边的位置上，不会影响活动空间。

避免采用过硬的材料及尖锐的转角，以提高安全性。

TIPS

儿童房的家具要兼具环保与美观

儿童房中的家具，环保一定要达标，家具中的甲醛、重金属不能超标，牢固度要适中，边角处不能过于锐利。另外，由于儿童在不断成长，不同年龄段对于家具的配置有不同的需求，在选择家具时宜侧重它的多功能性，如可调节高度的桌椅等。为适应儿童活泼、求知欲强的天性，家具的色彩宜艳丽，可以选择色彩亮丽、趣味卡通造型的家具款式。

玄关、过道家具

玄关是家居空间的“脸面”，能在第一时间体现出家庭居住者的品位和时尚水准，代表着居室装修的整体走向。玄关的面积通常有限，为了制造宽敞感，不需要摆设太多的家具，特别是小户型的玄关，宜选择实用性较强的家具。

设计师推荐 换鞋凳

设计要点 如果玄关不是很宽敞，适合选择兼具收纳功能的脚凳。

玄关换鞋凳的作用是换鞋时坐在上面，方便更换鞋子。虽然体积不大，但仍然会占用居室面积，适合比较宽敞的玄关。常见造型为方形或圆形，颜色可与鞋柜搭配。

鞋柜

鞋柜是玄关中的必备家具。从早期的木鞋柜演变成现在的多种款式和制作材料，总的来说可以分为传统鞋柜和电子消毒鞋柜。

设计要点 建议根据家庭人口的数量定制鞋柜，在颜色、造型和风格上都能与整体风格统一。

整体衣柜

放置在玄关，集收纳衣物、放置鞋子及雨伞、钥匙等零散物品的功能于一体的衣柜式家具，分为柜式和半开敞式两种，能够将小物品隐藏起来，使玄关看起来更整洁、干净。

可以一直做到吊顶的下方位置，建议选择与墙面相同的颜色，整体性更好一些。

几案

几案是在玄关几或过道摆放的条几，起到的主要是装饰和展示作用。比起柜子更轻盈，也更富观赏性。台面上可以摆放花器、装饰画、工艺品，使人进门就有眼前一亮的感觉。

根据家居整体风格选择，若做混搭，也需尽量形成小区域的整体感。

雨伞架

雨伞架是一种用来存放雨伞的架子，摆放在玄关，可以将雨伞收纳起来，避免带回时弄湿地面以及出门时方便携带。家用雨伞架多为圆桶型或方桶型，材料多为金属、塑料或海绵。

选择一些带有装饰效果的个性雨伞架，能够为家居空间增添情趣。

装饰柜

兼具装饰性和收纳作用的玄关家具，适合空间不是特别宽敞但又显得有些空荡的玄关。比起几案来说，装饰柜更实用。上面仍然可以摆放装饰品，柜子或抽屉可以收纳物品。

选对一款合适的玄关柜，对于居室品味的提升有很大的作用。

衣帽架

衣帽架是一种用来收纳居家衣物的小件家具，放在玄关，可以悬挂进门后需要脱下的衣物、背包、帽子等。体积很小，适用于摆放不下衣柜的小玄关，有金属、木质和塑料三种。

金属和塑料材质的现代感要强一些。木质的通常比较古朴。

钥匙箱

钥匙箱是专门用来存放钥匙的箱子，属于玄关用的小件家具，当鞋柜没有收纳抽屉时，可以在鞋柜上方的墙面上安装一个钥匙箱，方便钥匙的取用，还能避免丢失。常用的材料有木质和金属两种。

木质的钥匙箱更适合家庭使用，可以根据玄关的风格选择造型和颜色。

◆ 具有学术性的空间，家具讲求配套使用，避免杂乱

书房家具

书房属于私密性空间，是用来学习、阅读以及办公的地方，家具布置要求简洁、明净。首要原则是根据居住者的需求和家居环境，决定家具的样式和颜色，同时应注意书房是具有一定学术性的空间，家具适宜整套选购，不宜过于杂乱，过于休闲。

书桌

书桌是供书写或阅读用的桌子，通常配有抽屉，属于书房中的必备家具之一。最常见的单人书桌，一般高度在75cm左右是比较符合我国成年人使用的。

深色的书桌有助于工作时的心态沉静稳定；而色彩鲜艳的书桌能够激发灵感。

工作椅

与书桌配套使用，让使用者能够坐下以便在书桌上工作的椅子。款式比较多，建议选择与书桌成套的产品。单独搭配建议风格、色彩或材质能够统一，不需要太大的差异。

除了与书桌的颜色、款式配套外，还应关注舒适程度，符合使用者的需求。

书柜

用来存放、分类图书的家具，属于书房必备家具之一。可分为封闭式和开敞式两种类型，古典风格多用封闭式，现代风格多用开敞式。材质多为木质或金属，木质多搭配玻璃。

欧式风格、美式风格家居的书柜造型复杂，建议购买成品，其他风格可以定制。

沙发

坐在沙发上交谈要比坐在椅子上感觉更为舒适、自在一些，当书房的空间足够宽敞，且经常有交谈的需要时，建议在书桌对面摆放两个单人沙发或一个双人沙发。

款式和色彩建议与书桌和书柜相协调，差距不宜过大。

TIPS

书房家具可以根据家居风格和心理需求来选择

选择书房家具首先要根据自己的需要和家的居住条件，决定家具的样式，要考虑与居室风格色彩的配套。其次，可根据心理需求选择，深色的办公用具可以保证学习、工作时的心态沉静稳定；而色彩鲜艳的、造型别致的办公用具，对于激发灵感十分有益。另外，与客厅等空间不同的是，书房具有一定学术性，因此，家具适宜整套选购，不宜过于杂乱，过于休闲。

边柜

书房中的边柜的作用与客厅边柜相同，书房中的边柜可以选择储物量大一些的款式，边柜的上方除了摆放装饰品，还可以摆放书籍，增加书籍的收纳量。

厚重的实木边柜适合古典风格书房，夹板组合玻璃的款式适合现代风格书房。

角几

角几可以放在角落里，在书房中可与沙发配套使用，两个单人沙发中间的位置大小不适合放茶几时，可以将角几放在中间，角几的体积小，比茶几节省空间。

建议款式、颜色与所配套的家具及书房的整体风格相统一。

报刊架

报刊架是一种摆放杂志、报纸兼具展示性能的家具，具有简单明了、方便取阅等优点，很适合有阅读杂志和报纸习惯的居住者。主要种类有木质杂志架和金属杂志架两种，根据书房风格选择即可。

比起书柜，报刊架更方便移动，摆放在书桌附近存储近期杂志和报纸很实用。

◆ 以环保、卫生为目标，不仅美观，更要使用方便

厨房家具

厨房家具的主要作用是存储碗盘和锅具，方便烹饪，方便洗涤，不仅要使用方便还应美观，更重要的是要卫生、防火。厨房家具的款式和风格可以根据厨房的形式而定，如果是开敞式应与整体呼应，如果是封闭式，可以个性一些。

橱柜

橱柜是指厨房中存放厨具以及做饭操作的平台，由柜体、门板、五金件、台面四部分组成。现在家居中使用的橱柜多为整体定制，造型有一字形、L形、U形和岛形四种。

设计要点 橱柜的款式除了要美观外，还应便于清洁和维护，并根据厨房大小选择形式。

储物架

具有储物作用的架子或隔板，在厨房中多固定于墙面上或放置在地上，能够增加厨房的储物空间。储物架的款式很多，现在还有可以放在冰箱与柜子空隙中的可以移动的款式。

设计要点 不适合用于吊柜的墙面上，以及地面的空隙处，可以多设计一些储物架。

◆ 家具材料需结实耐用，能够耐得住风吹、日晒

阳台家具

阳台通常都在阳面，会接受比较多的日照，所以放在阳台上的家具应结实耐用，能够耐得住日晒，建议选择合金类、含油量较高的木材或者编织的家具。类型上可以根据面积选择沙发、休闲椅搭配茶几、书架或者花架等。

设计师推荐 休闲椅

金属材质的休闲椅用铝或经烤漆及防水处理的合金材质，最能承受风吹雨淋。

休闲椅比阳台沙发的体积小、质量轻，适用于摆放不下沙发的阳台。阳台休闲椅的款式比沙发多，例如木质、铁艺、编织、布艺、塑料等，可以根据阳台的形式来选择材料，例如编织类和铁艺比较适合屋顶阳台。

沙发

沙发适合空间比较大一些的阳台，此处摆放的沙发通常都比室内的沙发要休闲一些，可以选择在编织骨架上摆放软垫的款式，材料可以是藤或者塑料，比较好养护。

编织沙发多为藤或仿藤塑料，颜色比较中性，基本适合各种风格家居的阳台。

储物柜

阳台可以靠墙摆放一些储物柜，无论是储存不常用的物品还是书籍或者休闲用的棋具、茶具，都很方便。储物柜建议选择柚木、松木，含油高，可以最大程度防止木材因膨胀或疏松而脆裂。

储物柜的色彩建议与阳台中的其他家具搭配起来，形成小区域中的统一。

茶几

茶几多与阳台上的沙发或者休闲椅组合使用，材料与所搭配的家具配套即可，编织沙发搭配编织茶几，铁艺桌椅搭配铁艺茶几。茶几的体积根据阳台大小具体选择。

如果阳台面积不大，可以选择可折叠的茶几，方便取用，节省空间。

花架

花架是用来陈列、摆放花卉或其他植物的家具，分单层和多层。单层花架摆放较少，多层花架可以将花卉层叠式地叠放，很适合有养花爱好的居住者。

花架适合小盆栽，如果是大型盆栽，建议直接摆放在地上。

◆ 选择防潮的材料，款式和风格与整体风格呼应

卫浴家具

卫浴间内经常接触水，比较潮湿，不论什么类型的家具，首先应满足防潮的条件，才能够使用长久，材料建议选择塑料、不锈钢、铁艺或者防潮类板材，浴室内的常用家具包括洗漱柜和置物架。

洗漱柜

洗漱柜是浴室中的常用家具，它的作用是放置面盆、隐藏管道以及储物。面材有石材、防火板、烤漆、玻璃、金属和实木等，基材有实木、复合板和不锈钢板等，基材决定价格和品质。

设计要点 红色+绿色、黄色+紫色、蓝色+橙色。

置物架

浴室置物架是能够摆放洗漱用品的架子，可以直接固定在墙面上，也可以摆放在地上。浴室潮湿，置物架多为不锈钢、塑料或铁艺等能够防水的材料。

设计要点 建议根据浴室的风格选择恰当的材料和款式，若面积小还可以使用角架。

案例解析

1 美式布艺三人沙发
2 布艺单人沙发
3 美式休闲椅
4 美式木质茶几
5 装饰性木质边柜

协调的家具组合让人感觉舒适、惬意

米色的布艺三人沙发搭配一张蓝色单人布艺沙发和一个米灰色休闲椅，柔和中带有清新感，茶几选择厚重温润的木质美式款式和蓝白组合的装饰性边几，充满休闲感，使人感觉舒适、惬意。

1 现代风格木质整体衣柜
2 现代风格金属条几
3 现代风格木质鞋柜

多家具组合同时满足装饰性和收纳功能

玄关内采用了多个家具组合，包括吊柜和地柜组合的木质整体衣柜、金属材料的条几和木质鞋柜，满足了收纳要求的同时也塑造出了具有现代感的玄关空间。

兼具温馨感和清新感的地中海客厅

条纹以蓝色搭配米色的方式呈现出来，具有典型的地中海韵味。沙发全部采用布艺款式，客厅面积足够宽敞，选择三人沙发搭配单人沙发和脚凳的组合形式，比起常见的“3+2+1”的布置方式更活泼一些。最具创意的是用床尾凳充当茶几非常个性，它的色彩同时呼应了主沙发和电视柜，强化了整体感。

1 地中海风格三人布艺沙发
2 地中海风格单人布艺沙发
3 地中海风格布艺脚凳
4 地中海风格木质角几
5 地中海风格木质电视柜
6 布艺茶几（床尾凳）

黑白组合的简约风格家具利落、大气

1 简约木质电视柜
2 简约皮料休闲椅
3 简约木质角几
4 简约皮质双人沙发
5 简约皮质单人沙发
6 简约木茶几

家具种类的选择非常干脆，舍弃了装饰性家具，一切以实用为出发点是简约风格家具的软装设计准则。以黑色为主，加入少量白色作为家具主色，是典型的简约代表配色，为了避免单调，款式上采用多元化组合。

1 木质电视柜
2 田园风格木质床
3 田园风格木质床头柜
4 美式风格布艺沙发
5 美式风格木质角几

混搭风格家具塑造清新卧室

卧室内的家具以木质材料为主，搭配少量布艺，为了避免单调，木质同时使用白色和褐色，用明度对比增添明快感。家具风格以田园为主，美式风格为辅，用混搭的方式塑造出具有清新感的空间氛围。

欧式家具塑造低调华丽的餐厅氛围

餐厅采用白色搭配灰色作为主色，从色彩和家具款式上凸显出新古典风格素雅的一面。空间很宽敞，家具的数量就多了一些，酒柜、斗柜和餐边柜的组合形式增加了储物空间的同时也避免了空旷感，家具采用同系列产品，显得更为气派，金色的描边装饰增添了一丝低调的华丽感。

1 欧式风格木框架玻璃门酒柜
2 欧式风格木质斗柜
3 欧式风格木质餐边柜
4 欧式风格木质餐桌
5 欧式风格皮质餐椅

兼具装饰性和实用性的家具打造华丽书房

1 欧式布艺工作椅
2 欧式木质装饰书桌
3 欧式布艺休闲椅
4 欧式木质开敞式书柜

作为书房主体的书桌和椅子均选择了带有装饰性元素的款式，无论是椅子金色的框架，还是书桌上精致的金色描花都显得非常华丽。书柜的面积很大，所以选择了白色木质，能够减轻体积，显得轻盈一些。

1 藤编布艺三人沙发
2 石材台面铁艺茶几
3 铁艺花架

舒适而又结实的家具组合装扮花园式阳台

带有弧度顶棚造型的编织沙发，充满了休闲感，搭配各种绿色植物和花卉，使阳台变成了花园。沙发体积很大，所以搭配了一个圆形的小茶几，满足摆放物品的需要，同时又不会阻碍活动行走。

Part 2 灯具

灯具是家居的“眼睛”，如果家居环境中没有灯具，夜晚只能生活在黑暗中，足见灯具的重要性。如今的灯具已经从单纯的照明用途发展成为兼具实用性和装饰性的软装饰。不仅灯具的造型能够丰富空间，灯光同样可以装饰空间，增加情趣。

◆ 种类多样，改变家居氛围和增添情趣的重要手段

灯具功能

灯具的选择往往是家居装饰中的难题，现代灯具的造型千变万化，却离不开仿古、创新和实用三种类型。选择灯具时，首先应与房间的色彩相协调，色彩包括灯具的色彩和灯光的色彩，而后结合居住者的艺术品位和经济条件具体地选择款式。

设计师推荐 吸顶灯

设计要点 吸顶灯不太适合安装在厨房中，不利于烹饪操作。

吸顶灯适合用在客厅、卧室、阳台等空间中，它可以直接安装在天花板上，安装简单，质量轻，款式大方，能够为居室增加明快、清朗的感觉，常见造型有方罩、圆球形、垂帘式等。

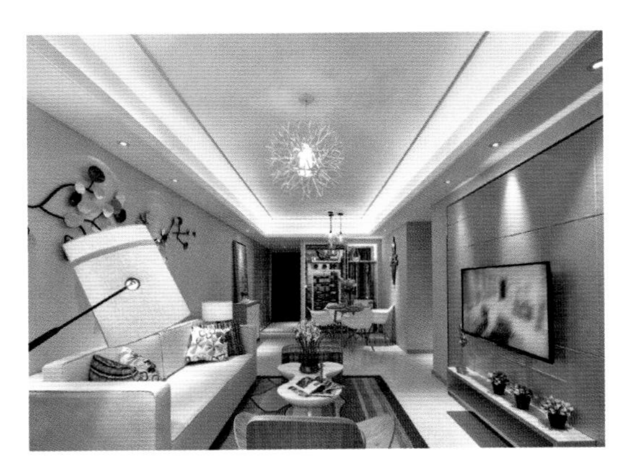

吊灯

吊灯适合用于客厅，吊灯的种类很多，常用的有欧式烛台吊灯、中式吊灯、水晶吊灯、羊皮纸灯、时尚吊灯等。还可分为单头吊灯和多头吊灯，根据造型的不同适合用于不同的家居空间。

设计要点 吊灯的安装高度有要求，底沿距离地面不能小于2.2m。

台灯

台灯属于局部照明灯具，光线集中，便于工作或阅读。按材质可分为陶灯、木灯、铁艺灯、铜灯等；按功能分为护眼台灯、装饰台灯等；按光源分为灯泡台灯、插拔灯管台灯、灯珠台灯等。

设计要点

一般客厅、卧室等用装饰台灯，工作台、学习台用节能护眼台灯。

落地灯

落地灯作为局部照明，强调移动的便利性，对于角落气氛的营造十分实用。光线直接向下投射，适合阅读等需要精神集中的活动，向上照射，可以调整整体照明的光线变化。

设计要点

落地灯灯罩材质种类丰富，可根据喜好选择，灯罩下沿应离地面1.8m以上。

射灯

光线直接照射在需要强调的家什器物上，以突出主观审美作用，达到重点突出、层次丰富、气氛浓郁、缤纷多彩的艺术效果。射灯光线柔和，既可对整体照明起主导作用，又可局部采光，烘托气氛。

设计要点

射灯可安置在吊顶四周或家具上部，也可置于墙内、墙裙或踢脚线里。

筒灯

筒灯是嵌装于天花板内部的隐置性灯具，所有光线都向下投射，属于直接配光。可以用不同的反射器、镜片来取得不同的光线效果。装设多盏筒灯，可增加空间的柔和气氛。

筒灯一般装设在卧室、客厅、卫生间的周边天棚上。

暗藏灯

如果将空间打造成圆形、弧形等，则可以令空间充满造型感，体现现代风格的创新理念。弧形、圆形等结构既可以作为墙面造型出现，也可以运用在隔断、吊顶等部位。

空间运用弧形，家具等装饰物也最好带些圆润感。

壁灯

壁灯是安装在墙上的灯具，最常用于客厅、卧室、过道或卫浴间等家居中，常用的有双头玉兰壁灯、双头橄榄壁灯、双头鼓形壁灯、双头花边杯壁灯、玉柱壁灯、镜前壁灯等。

壁灯需要注意安装高度，灯泡距离地面应不低于1.8m。

◆ 风格百变，与居室整体风格呼应的款式才协调

灯具风格

不同风格的家居空间，对于灯饰的搭配要求也不同。色彩、材质上要协调，风格上也要统一。但是很多灯饰的风格界线很模糊，在搭配时可灵活运用，这些特征类似的灯具可以进行混搭。只要整体氛围协调不冲突，即可灵活使用，不必拘泥于一式。

设计师推荐

简约灯具

简约风格灯具对款式、质地、颜色、造型细节与搭配都有较高的标准。

简约风格灯具以简洁的造型、纯洁的质地、精细的工艺为特征。灯具造型线条简单，设计独特，甚至是极富创意和个性的灯具都可以成为现代简约风格灯具中的一员。

现代灯具

另类、追求时尚是现代灯具的最大特点。材质一般采用具有金属质感的铝材、具有另类气息的玻璃等，在外观和造型上以另类的表现手法为主，色调上以白色、金属色居多。

与现代风格的居室搭配最协调，也可以与和现代风格类似的风格混搭。

后现代灯具

后现代灯具与现代灯具区别不是很大，它是从欧洲设计艺术上进行改变，融合其他多方面潮流东西，具有独特的外形，比较具有抽象性，造型多具有艺术性。

后现代风格的灯具可以与现代风格、简约风格等居室混搭。

欧式灯具

欧式灯具多见曲线造型，经常将灯具处理出铁锈、黑漆等，塑造出斑驳的效果。材质多以树脂和铁艺为主，树脂灯造型多，常贴以金箔、银箔，铁艺等造型相对简单但更有质感。

欧式灯具最适合与欧式家居风格搭配，也可与美式风格混搭。

美式灯具

美式灯具与欧式灯具具有一些共同点，依然注重古典情怀，只是风格和造型上相对简约， 外观简洁大方， 更注重休闲和舒适感。材料的使用与欧式灯一样，多以树脂和铁艺为主。

美式灯具搭配美式家居风格最协调，也可与欧式风格家居进行混搭。

东南亚灯具

东南亚风格的灯具材料多选贝壳、椰树、藤、枯树干，天然、更接近自然。与具有代表性的绚丽泰丝不同，东南亚风格的灯具多给人质朴、简单的感觉，颜色多为咖啡色。

设计要点

可选择一些本土化的装饰物来相互呼应灯具，使风格特点更加明确。

日式灯具

日式灯具具有显著的“和风”特点，造型简约，线条清晰，有较强的几何立体感。图案多为菊花、俳句、茶道、花艺、禅语、仕女等传统文化符号，材料多为木、羊皮或陶瓷。

设计要点

日式灯具最适合搭配日式风格的家居，也可与具有相似感的家居风格混搭。

韩式灯具

韩式家居风格多浪漫梦幻，色调温馨轻柔，白色、粉色、粉紫色等女性化的颜色大面积使用。所以灯具的选择也不宜差距过大，梦幻的水晶灯、别致的花草灯、情调的蜡烛灯都适用，颜色以浅色调为主。

设计要点

韩式风格家居与田园风格有很多相似点，灯具可以互相混搭。

地中海灯具

地中海风格的灯具，灯罩上通常会运用多种色彩或呈现多种造型；色彩搭配自然清新，多以白色或蓝色为主色；材质多为铁艺组合玻璃或者树脂。

设计要点

地中海风格家居追求的是自然与和谐，所以不适合采用造型复杂的灯具。

法式灯具

法式风格灯具的代表为水晶蜡烛等，包括洛可可风格和巴洛克风格，洛可可灯具梦幻、浪漫，造型上精巧、圆润；巴洛克灯具造型多以曲线为主，使人感觉华丽、富有变化。

设计要点

洛可可灯具偏向于女性一些，巴洛克灯具更壮观、豪华。

中式灯具

中式灯具的材料主要以木材为主，搭配纸罩或者羊皮罩。图案较多为中式古典图案，例如龙、凤、龟等，做工比较精细，灯光柔和，给人温馨、宁静的感觉。造型多为圆形、方形，可分为纯中式和现代中式两种风格。

设计要点

倾向于传统中式风格的居室适合搭配纯中式灯具。

◆ 灯具材质千变万化，适合不同的家居风格

灯具材质

现代风格的家居在色彩的搭配上较为灵活，既可以将色彩简化到最少程度，也可以用饱和度较高的色彩做跳色。除此之外，还可以使用强烈的对比色彩，如白色配上红色或深色木皮搭配浅色木皮，都能突显空间的个性。

设计师推荐 1 不锈钢灯具

选择不锈钢灯具应注意与居室整体装饰风格的统一和协调。

以不锈钢为主材的灯具一般是以线形的为主，造型曲线流畅、明快，具有强烈的现代气质，非常适合搭配简约、现代或后现代风格的家居空间。

设计师推荐 2 树脂灯具

树脂灯具涵盖了各种风格，根据居住者的经济条件及居室风格选择即可。

树脂灯具一般都是装饰性灯具，它是以树脂为原材料，塑造成各种不同的形态造型，再装上灯泡组成的。树脂灯具颜色丰富，造型多样、生动、有趣，环保自然。

水晶灯具

水晶灯具样式时尚美观，实用性强，健康环保而且寿命持久。水晶外观晶莹，能够增强光亮度，极富装饰性，体现优雅和档次感。用水晶吊灯装饰客厅，既大气又精美绝伦。

水晶灯具的适用范围很广泛，简约的水晶灯具适合现代一些的风格，华丽的水晶灯具适合古典风格。

玻璃灯具

玻璃灯具是目前比较流行，使用较多的灯具类型。它的主要优点是透明度好、照度高、耐高温性能优异。但造型相对呆板、单一，油烟、灰尘落在上面比较明显，清洁不方便。

玻璃灯具根据造型和搭配材料的不同，适合不同的家居风格，可根据需要选择。

铁艺灯具

铁艺灯具款式以壁灯、吊灯和台灯为主，造型古朴大方、凝重严肃。它源自欧洲古典风格艺术，所以多具有欧式特征，灯罩多以暖色为主，彰显典雅与浪漫。

铁艺灯具总的来说比较适合欧式、美式或法式风格居室。

铜质灯具

全铜灯具的主要材料是铜和黄铜，款式多为吊顶，铜灯质感好，欣赏价值和收藏价值都很高，通常与欧式风格居室搭配比较协调。全铜吊灯的花样很多，用于居室的全铜吊灯分单头吊灯和多头吊灯两种。

铜质吊顶比较适合用在客厅，不宜用在潮湿的房间中。

纸罩灯具

纸质灯的优点是质量较轻、光线柔和、安装方便而且容易更换、具有较浓的文化气息，缺点是怕水、耐热性能差，一些质量不佳的纸质灯还容易出现易变色、易吸附尘土的缺点。

纸灯比较适合现代简约居室与中式风格居室。

布艺灯具

布艺灯具也叫蕾丝灯，灯罩上多配以精美的绢花和蕾丝花边的配饰。这类灯的底座以水晶和树脂材料为主，最常见灯具为台灯和落地灯。按灯罩材料不同可分为纯布艺灯具以及布艺与羊皮灯具组合两种。

带有碎花的布艺灯具适合田园风格或者韩式家居风格，华丽的布艺灯具适合欧式家居风格。

石材灯具

石材灯具的原料主要是云石，属于灯具中的贵族，光线柔和、质感优异，具有很高的装饰性和档次感，耐热性、防水性都很高，但高品质云石灯的造价较贵。

石材灯具适合别墅空间或者举架比较高的家居空间。

羊皮灯具

羊皮灯的制作灵感来自古代灯具，能给人温馨、宁静感，它的灯架主要材料为木质，组合起来具有古朴、传统的感觉。造型主要以圆形与方形为主。

羊皮灯不仅有吊灯，还有落地灯、壁灯、台灯等，适合质朴的家居风格。

亚克力灯具

亚克力灯具主要是灯罩部分为亚克力，亚克力是一种有机玻璃，具有较好的透明性、化学稳定性和耐候性，加工性能优异，所以外观优美，造型和花样多，不易碎，逐渐取代了玻璃灯罩。

亚克力灯具多为吸顶灯，比较适合简约风格或者现代风格的居室。

◆ 使用不同的光源类型，能够轻松地改变居室氛围

光源类型

灯具光源是指灯具中起到发光作用的器件，是灯具中最重要、最核心的部件，即使是同一个灯具，更换了不同类型的光源也会对同一居室的氛围产生不一样的影响，光源也分很多种，不同的光源具有不同的参数以及相应的不同的灯光效果。

白炽灯

白炽灯光源小、价格低，灯罩形式多，并配有轻便灯架、顶棚、墙上的安装用具及隐蔽装置；通用性大，彩色品种多；光最接近于太阳光色，显色性好。但光效低，处于逐渐被淘汰中。

白炽灯光线柔和，色温低，更适合于卧室，能够给人温暖、安全的感觉。

节能灯

节能灯和白炽灯比，具有更长的使用寿命且耗能少。它散发的光线是自然柔和的，不会让人感到特别刺眼。常见造型为直管灯管、环形灯管、U形灯管等。

夏天使用冷白色的节能灯，使人感觉凉爽，冬天使用暖白色的节能灯，使人感觉温暖。

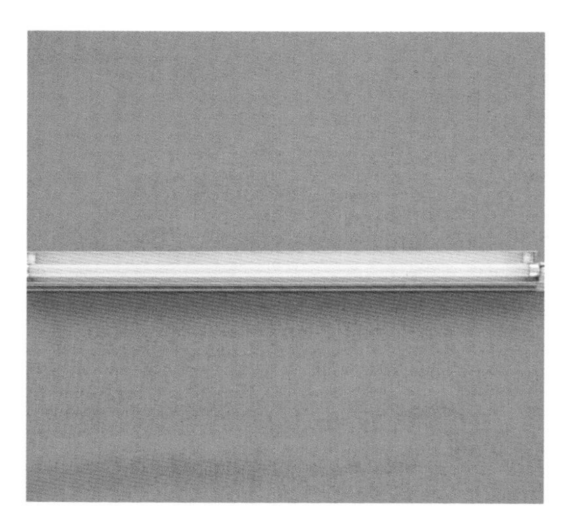

荧光灯

荧光灯的发光光谱近似于太阳光谱，所以又叫日光灯。与白炽灯对比，发光效率更高、使用寿命更长。但显色性比白炽灯差，生产过程不够环保。

室内的主体照明，宜采用荧光灯，如吸顶灯内部光源就多为荧光灯。

LED灯

LED灯又叫发光二极管，它是一种固态的半导体器件，可以直接把电转化为光，它靠芯片发光。具有体积小、耗电低、寿命长、无毒环保等诸多优点。

LED组合的光色变化多端，可实现丰富多彩的动态变化效果。

TIPS

家居空间光源的选择

不同的光源色温是不同的，也就决定了显色性的区别。色温低的灯光具有温暖感、显色性，色温高的灯光具有清爽感，显色性要差一点。在选择灯具时，应确定内部的光源是否与家居风格所需要的效果相符，以及同时考虑带有镇流器的光源的效率或效能、寿命等，对照射效果、使用性能、价格等方面进行综合性的对比，再选择合适的种类。

◆ 结合居室风格及使用空间功能的不同，具体选择

吊灯造型

吊灯造型的划分有很多种方式，但总体的都有一个共同点，可以按照一根吊线上固定的灯罩和光源的数量来进行分类，包括单头吊灯和多头吊灯两种。单头吊灯造型比较单一、简单，而多头吊灯造型多样，可结合居室风格和面积来选择具体造型。

单头吊灯

单头吊灯是指一根吊线上只固定一个灯罩和光源的款式。通常造型比较简单、大方。最常见的是餐厅中的吊灯，会用多个单头吊顶组合用在餐桌上方。

设计要点：单头吊灯用在客厅会显得有些单调，一般建议用在卧室、餐厅等空间中。

多头吊灯

多头吊灯是指一个吊线上固定多个灯罩和光源的款式。多数选择吊灯的家庭的客厅中最常见的是多头吊灯，它造型多样，适合各种家居风格，或华丽或质朴。

设计要点：客厅一般使用多头吊灯，这样能够达到最佳的装饰效果。

◆ 造型丰富，适合房高较低不能安装吊灯的居室

吸顶灯造型

吸顶灯比起其他类型的灯具更经济，比较容易清洁，所以很多家庭都会选择吸顶灯作为居室中的主灯。在很多人的印象中，吸顶灯都是比较单调的，实际上，吸顶灯有很多款式，按照灯罩的造型可以分为罩式和垂帘式两种，后一种更华丽一些。

罩式吸顶灯

罩式吸顶灯是指带有灯罩的款式，灯罩造型多样，有方罩、球形罩、半球形罩、长方形罩等多种款式。此类吸顶灯通常体积较小，灯罩多为亚克力或塑料材质，较少使用玻璃。

罩式吸顶灯不仅仅适合用于简约风格的居室，有很多也适合华丽一些的风格。

垂帘式吸顶灯

垂帘式吸顶灯与罩式吸顶灯相比，装饰性要优良很多，形式多为圆形、方形或长方形。虽然是吸顶灯，但是也有垂吊下来的装饰部分，装饰部分多为水晶或亚克力，在灯光照射下非常华丽。

垂帘式吸顶灯适合喜欢吊顶效果但房间高度不适合安装吊灯的居住者。

◆ 根据使用需求的不同，选择不同功能的台灯

台灯功能

台灯不仅仅能够提供光源便于使用，更具有附加价值，它已经逐渐成为一个不可多得的艺术品，在轻装修重装饰的理念下，台灯的装饰功能也就更加明显。按照功能来分，可以分为注重实用性的阅读台灯和兼具实用性和装饰性的装饰台灯两种类型。

阅读台灯

阅读台灯是指专门用来看书写字的台灯，整体造型简洁轻便。这种台灯一般可以调整灯杆的高度、光照的方向和亮度，主要是照明阅读功能，无频闪，不刺激眼睛。

设计要点：适合用在有学习、阅读需求的房间，例如儿童房和书房。

装饰台灯

装饰台灯就是同时兼具照明功能和装饰性的台灯，外观比较华丽、美观，材质与款式多样，灯体结构复杂，能够丰富家居空间的装饰效果，装饰功能与照明功能同等重要。

设计要点：装饰台灯应用范围非常广泛，包括客厅、玄关、卧室等空间。

◆ 可以满足阅读需要也可以烘托气氛，可移动

落地灯造型

落地灯是所有家用灯具中最容易出彩的类型，它既可以用于局部照明，又可以通过照度的不同和室内其他光源配合出光环境的变化，同时，还是一件装饰品。因此，选用美观、实用的落地灯，是丰富光源层次的重要手段。

上照式落地灯

上照式落地灯灯的光线照在天花板上再漫射下来，均匀散布在室内。这种“间接”照明方式，光线较为柔和，对人眼刺激小，还能在一定程度上使人心情放松。

此种类型的落地灯，非常适合用在现代简约风格的家居设计中。

直照式落地灯

直照式落地灯作用与台灯类似，光线集中向下照射。此种落地灯既可以在关掉主光源后作为小区域的主体光源，也可以作为夜间阅读时的照明光源。

可以摆放在既有阅读需要又有装饰需要的地方，例如房间中有贵妃榻的一侧。

◆ 小灯具大作用，具有独特的点投式照射效果

射灯造型

射灯所投射的光束非常集中，它的照射对象可以是一幅画、一座雕塑、一件精品摆设等，能够创造出丰富多彩、神韵奇异的光影效果。使用时可以根据投射对象的数量选择一盏或多盏。射灯的选择应与居室整体设计风格谐调统一。

下照射灯

下照射灯的特点是光源自上而下做局部照射和自由散射，光源被合拢在灯罩内。适合安装在顶棚、床头上方、橱柜内等地方，还可以吊挂、落地、悬空，分为全藏式和半藏式两种类型。

设计要点 造型有管式、套筒式、花盆式、凹形槽式等，可安装在过道、客厅、卧室等空间。

路轨射灯

此类射灯有一条“路轨”，射灯可以在上面左右移动。大都用金属喷涂或陶瓷材料制作，有纯白、米色、浅灰、金色、银色、黑色等多种色调；外形有长形、圆形，可选择性很多。

设计要点 路轨射灯的路轨安装高度为天花板下方15～30cm处，也可装于顶棚一角靠墙处。

◆ 不占据空间就能柔化氛围的灯具，家具也能安装

筒灯造型

筒灯是所有家居使用的灯具中最不占据空间的灯具，它能够为居室增添柔和、温馨的气氛，制造浪漫的感觉。筒灯最大特点就是能够保持建筑装饰的整体统一与完美，不会因为灯具的设置而破坏吊顶的造型美。

暗装筒灯

暗装筒灯需要将灯头以上的部分装在吊顶内部，此类筒灯尺寸比较多，因此在选择筒灯时一定要根据实际使用情况进行挑选，若尺寸不合适，不能进行安装。

设计要点　暗装筒灯家居中最常使用的筒灯类型，不仅可以隐藏在吊顶中，还可以藏在家具内。

明装筒灯

明装筒灯无须开孔，可以直接安装，是直接安装在楼板或者吊顶平面以下，裸露在外面的。可以根据实际安装空间以及所需的照明亮度选择尺寸，尺寸越大，功率越高，亮度越大。

设计要点　明装筒灯适合于想要筒灯的照射效果，但不适合做吊顶的空间中。

◆ 适合立体墙面或立体顶面，用光线增加造型层次

暗藏灯类型

暗藏灯带是现代家居中比较常见的利用灯光增加空间层次感的装饰手段，特别适用于带有立体造型的顶面或者墙面，能够使它们看起来更丰满、立体感更强。家居暗藏灯带按照提供光源的灯具的不同，可以分为软管LED灯和灯管两种类型。

软管LED灯

LED灯管类的暗藏灯带强度相对来说较弱，但非常柔软，可以随意弯曲，做各种带有弧度的造型。颜色比较多，以彩色光线为主。每捆长度为30m左右，可以进行裁切。

设计要点 软管LED灯带回光率低，注重装饰性，想增加家居色彩的适合使用此类型。

T4、T5灯管

灯管类的暗藏灯带光线强度大，多为直线形，圆弧形较少，可以定制，但价格高。颜色以白光、冷光（偏蓝）、暖光（偏暖黄）为主，尺寸一般为250～1000mm。

设计要点 灯管型暗藏灯回光率高，能够增加居室内造型的层次感。

◆ 小巧精致，占地面积小却装饰性极强

壁灯造型

壁灯属于局部性辅助照明，主要作用是增加光线层次，烘托氛围，更偏向于装饰性灯具。它的外形精致，往往给人一种小巧玲珑的感觉，占用的空间少，却能够装饰墙壁。壁灯根据臂长可以分为短臂和长臂两种，适用于不同材质的墙面。

短臂壁灯

短臂壁灯是指灯与灯座之间的支撑部分长度较短的壁灯类型，灯罩距离墙面距离短，照射在墙面上的光线距离短，但亮度高。分为单头和双头两种，适合不同大小的空间。

短臂壁灯接触的墙面温度较高，适合石材、砖、乳胶漆等材料的墙面。

长臂壁灯

长臂壁灯是指灯与灯座之间的支撑部分长度比短臂壁灯长的类型。它的光线照射在墙面上的距离较长，亮度要弱一些，同样可以分为单头和多头两种款式。

长臂壁灯灯泡距离墙面距离较远，可用在壁纸、木纹饰面板、壁布等材料的墙面。

1 垂帘式水晶吸顶灯
2 T5灯管暗藏灯带
3 暗装式筒灯
4 欧式布艺台灯
5 双插头暗装筒灯

用不同的灯具增加空间的层次感

客厅空间的整体配色非常素雅，在夜晚会显得有点单调，用不同类型的灯具加入到居室整体设计中，让不同的光源形成层次感，是调节居室氛围的一种有力方法。

1 现代木质吊灯
2 不锈钢路轨射灯
3 暗装筒灯
4 暗装筒灯
5 T5灯管暗藏灯带
6 T5灯管暗藏灯带

不同颜色的灯光减轻暖色的厚重感

客厅以暖色为主色，主题墙部分还使用了暗色调的灰色，整体显得非常厚重。为了避免使人感觉沉闷，顶面使用了吊灯、路轨射灯和筒灯，墙面使用了蓝色和白色的暗藏灯带以及黄色筒灯，温馨而舒适。

用家具和灯具的搭配实现混搭

空间硬装设计方面非常简约，家具采用宽大舒适的布艺款式，搭配欧式的茶几和角几，灯具方面以东南亚风格为主，加入少量欧式风格，实现了多种风格的完美混搭，最具特点的是带有扇叶造型的吊灯，具有浓郁的热带风情。

1 东南亚风格玻璃罩单头吊灯

2 暗装筒灯

3 东南亚风格木座落地灯

4 欧式风格金属座台灯

欧式水晶灯具增添华丽感

1 欧式水晶多头吊灯
2 T4灯管暗藏灯带
3 暗装筒灯
4 欧式水晶短臂壁灯
5 欧式水晶台灯

客厅以新古典风格的造型搭配木质和布艺结合的家具，塑造出厚重而典雅的整体氛围。灯具全部采用新古典风格的水晶材质，吊灯、壁灯和台灯使用同一系列，为居室增添了华丽的感觉。

1 金属材料明装筒灯
2 金属灯罩落地灯

低房高用明装筒灯作主灯

客厅房高较低，不适合做吊顶造型也不适合使用吊灯，为了彰显个性，便于进行区域性的控制，全部使用明装筒灯作主灯，搭配功能性较强的落地灯，夜晚即会形成“满天星”的效果，又有重点照明，同时满足装饰效果和实用性。

金属灯具增添古朴感

绿色壁纸、实木餐桌椅搭配大花地毯，具有明显的美式风情。餐桌上方使用一盏金属架的多头吊灯，搭配墙面上的铁艺壁灯和餐边柜上的两盏金属座布艺台灯，为质朴的美式风格餐厅增加了古朴感和一点华丽感。

1 美式金属多头吊灯
2 美式金属座布艺台灯
3 美式铁艺短臂壁灯

现代灯具与新古典居室相融

1 现代树脂灯罩吸顶灯
2 现代玻璃罩短臂壁灯
3 T5灯管暗藏灯带
4 暗装筒灯
5 欧式布艺灯罩台灯

卧室内的硬装和家具风格均以新古典风格为主，给人柔和、典雅的感觉，但整体色彩都非常柔和，整体氛围过于平稳。选择现代风格的灯具加入进来，增添了多元化的元素，打破平稳感，同时也用多种灯光丰富了层次。

1 欧式金属多头吊灯
2 T5灯管暗藏灯带
3 暗装筒灯
4 现代水晶台灯
5 现代水晶落地灯

水晶灯具使华美感更强烈

居室以新古典风格中比较华丽的一种手法进行装饰，无论是墙面还是家具，均围绕着这个主旨设计。顶面灯具的组合注重层次感的塑造，用光影的变化使层次感更丰富，水晶台灯和落地灯是点睛之笔，使华美感更强烈。

Part 3 布艺

想要塑造出温馨、舒适的家居空间，布艺是不可缺少的图案装饰，它是家居陈设中最重要的元素之一。布艺的存在柔化了建筑空间生硬的线条，赋予居室温馨的格调，或清新自然，或典雅华丽，或高贵浪漫。

◆ 不同部位使用的布艺装饰具有不同的功能性

布艺功能

布艺的作用在现代家庭中越来越受到重视，如果说家庭中提供使用功能的装修为“硬饰”，而布艺作为“软装饰”在家居中更独具魅力。家居布艺按照功能分类是最常用的分类方式，包括窗帘，床上用品，家具套，壁挂，枕、垫类五个常用类别。

窗帘

窗帘具有保护隐私、调节光线和室内保温的功能，另外厚重、绒类布料的窗帘还可以吸收噪声，在一定程度上起到遮尘防噪的效果。窗帘由帘体、辅料、配件三大部分组成。

选择一款适合的窗帘，既等于布置了一道窗边风景，也能为空间增添一份别样风情。

床上用品

床上用品是卧室中非常重要的软装元素，能够体现居住者的身份、爱好和品位。根据季节更换不同颜色和花纹的床上用品，可以很快地改变居室的整体氛围。

床上用品除应满足美观的要求外，更应注重其舒适度。

家具套

家具套多用在布艺家具上，特别是布艺沙发，主要作用是保护家具并增加装饰性。材料多为棉、麻，色彩款式多样，适合各种风格的家具。

设计要点 居室中的家具套，可以随着季节或者节日而更换成合适的款式。

壁挂

壁挂是挂在墙壁上的一种装饰性织物。它以各种纤维为原料，采用传统的手工编织、刺绣、染色技术，来表达具有内涵的装饰性内容，是一种具有艺术性的软装饰。

设计要点 壁挂材料多样，可以根据家居风格选择合适的内容和材料。

枕、垫类

靠枕、枕头和床垫是卧室中必不可少的软装饰，此类软装饰使用方便、灵活，可随时更换图案。特别是靠枕，用途广泛，可用在床上、沙发、地毯，或者直接用来作为坐垫使用。

设计要点 想要保持新鲜感，有时只要更换或增加两个靠枕就可以实现。

◆ 不同的家居风格，有其独特的布艺搭配方式

布艺风格

选择布艺装饰就是对布艺的色彩、质地和图案结合性的选择，每一种家居装饰风格所对应的布艺，装饰元素是有明显区别的。家居中所有布艺种类的综合面积比较大，建议选择与家居整体风格相协调的风格，更容易让人感觉舒适。

简约布艺

简约风格布艺通常做工精细，在装饰上没有厚重、压抑的感觉，给人轻盈、淡定的感觉。多层的布艺集中时，会通过材质的对比，体现一种平衡，线条造型流畅、大气。

此类布艺色彩上可以与整体空间协调，也可以与其他家具形成对比色。

现代布艺

现代风格的布艺颜色多为极端素雅的纯色或各种底色带有抽象图案的大花。材质丰富，不仅仅限于棉、麻和丝绸，还可以是各种混纺材料甚至带有亮片的材料。布艺造型简洁、时尚，富有质感。

现代风格中大块面的布艺色彩多为高级灰系列，如紫灰色、蓝灰色、灰绿色等。

中式布艺

中式布艺图案讲究对称、方圆，使用凸显浓郁中国风的图案。色彩或素雅或华贵大气。中式家居的布艺式样都不会太夸张，讲求设计的精致性，而且有种平稳的感觉。

中式布艺为一种讲求内涵的布艺风格，材料多以丝绸或棉麻为主。

欧式布艺

欧式风格布艺特别是窗帘多为空间中的大色块，材质多厚重，颜色跳跃，以体现气氛。除了满足视觉、质感外，还应注重手感，体现一种品质感。

欧式布艺窗帘多带有幔帘，可将窗帘的花色与地毯、墙纸的图案系统性对应。

美式布艺

布艺是美式风格中非常重要的装饰元素，本色的棉麻是布艺的主流选择，能够让天然感与乡村风格获得协调的感觉。图案以各种繁杂的花卉植物、亮丽的异域风情和鲜活的鸟、虫、鱼等为主。

美式布艺色彩运用大胆豪放，追求强烈的反差效果，浓重艳丽或黑白简约。

东南亚布艺

在东南亚家居中，布艺色彩通常以芥末黄、橙色、绚丽紫、苹果绿居多，艳丽的色彩具有浓烈的热带风情，无论是多么艳丽的布艺，都不用担心太过浓丽。

靠枕、床品等多采用泰丝材料，窗帘面料一般质感强烈、体积厚重。

田园布艺

田园风格布艺大多取自自然的元素，最有代表性的是花朵和格子图案，细碎的花朵、点缀的大花、纯色的格子图案，都很常见。但没有太饱满、浓烈的色彩，多自然的清新颜色。

具有清新、舒适的感觉，适合用于与其内涵相似的家居风格，例如韩式家居。

地中海布艺

地中海风格的家居，在窗帘、桌布、沙发套等布艺装饰的选材上多使用低彩度的棉麻织物，图案以格子、条纹或者小碎花为主，给人淳朴又轻松的感觉。色彩多使用蓝白、蓝紫、乳黄以及红褐色。

地中海布艺是大面积的布艺，例如窗帘和床品，多为纯色系，例如白色和蓝色。

◆ 结合家居中不同空间的功能性，区别选择布艺

布艺空间

通常家居空间都会划分为若干个独立的功能区，这些功能区在软装设计的要求方面略有区别。例如客厅属于聚会、交谈的空间，布艺风格可以比其他空间略为活泼一些。结合居室的具体功能选择布艺的颜色和款式，是以人为本设计理念的体现。

客厅布艺

客厅属于活动空间，氛围宜活泼一些，若是朴素的客厅可以选择带有花纹的布艺来调节氛围。客厅中布艺的色彩应与墙壁、家私等相协调，尽量避免大面积的刺激色，可使用中间色调。

作为大面积的布艺，客厅中的窗帘的层次可以多一些，装饰可以丰富一点。

餐厅布艺

餐厅的布艺主要为窗帘和桌布，要求必须具有防腐、防水、易清洗的特点。餐厅的布艺色调可选择餐桌和墙壁之间的色调，能够形成过渡色，使整体配色更协调。

简约或现代风格的餐厅，布艺的色彩可以选择具有促进食欲的橙色或黄色。

卧室布艺

卧室中除了对床品有极高的要求外，窗帘的选择也很关键，它的色彩以及质地都会直接影响到阳光对睡眠的干扰，窗帘的色彩基调也会影响人的情绪。

设计要点 窗帘作为卧室中占据最大面积的布艺，颜色不宜过于刺激。

儿童房布艺

儿童房的床品等常用贴身类布艺，应注重质量和舒适性，花纹可选择卡通类或能表现儿童特点的款式。窗帘建议选择容易换洗的材质，以保证卫生，款式建议选择双层帘。

设计要点 布艺颜色可根据孩子喜好选择，通常可以亮丽一些，还可根据季节更换。

书房布艺

书房中的布艺主要是窗帘，建议选透光性好、明亮的材质，色彩宜淡雅一些，有助于放松身心和思考。除此之外，还应与居室风格、色彩相协调，并根据所在地区的环境和季节做调整，让书房保持新鲜感。

设计要点 如果书房家具是深色调，建议搭配浅色的窗帘，以免颜色过深使人感觉压抑。

◆ 面料是窗帘的主体，决定了品质及清洗难易程度

窗帘材料

窗帘材料种类非常多，包括棉、麻、纱、木片、金属材料等，不同的材质、纹理、颜色、图案等综合起来就形成了不同风格的窗帘，配合不同功能和风格的居室使用。窗帘的材料决定了它的性能，可根据需要具体选择。

设计师推荐 棉麻材质

设计要点　适合用在客厅、卧室、书房等空间，不适合用在餐厅、厨房和卫浴间。

自然材质的窗帘主要是棉、麻材料，此类窗帘手感比较柔和，吸湿、透气性好，色彩和花色很多，还有一定的吸附空气中的尘埃的作用，但缺乏弹性且不挺括，清洗后容易皱褶。

其他类别

其他类别的窗帘材质包括纱、混纺、涤纶、绸缎、植绒布、人造纤维和金属等。金属多为百叶帘的主材，其他几种材料各有其不同的特点，但比起自然材料来说更容易清洗、更挺括。

设计要点　薄窗帘透光性好，可以在白天保证一定的隐私性，厚款吸音、挡光性能较佳。

◆ 不同款式的窗帘，适合不同的风格和不同功能区

窗帘款式

窗帘的款式是指窗帘的开合方式的区别，家居常用类型包括平开帘、卷帘、罗马帘、垂直帘和百叶帘，每种都有其独特的性能和装饰性，根据空间功能选择合适的款式，更能获得装饰性和实用性的双重满足。

设计师推荐 百叶帘

适用性比较广，如书房、卫生间、厨房都适用。

百叶帘指可以作180°调节并作上下翻转的硬质窗帘。百叶帘遮光效果好、透气性强，可以直接水洗，易清洁。材质有木质、金属、化纤布或成型的无纺布等，款式有垂直和平行两种。

平开帘

平开帘即沿着轨道或杆子做平行移动的窗帘。包括欧式豪华型、罗马杆式、简约型和实惠型四种类型，适合不同的家居风格，前两种比较华丽，后两种比较简约一些。

此类窗帘适合用在客厅、卧室和书房中，可作多层组合。

卷帘

卷帘指随着卷管的卷动而作上下移动的窗帘。材质一般为压成各种纹路或印成各种图案的无纺布，并且亮而不透，表面挺括，样式简洁，使用方便，非常便于清洗。

比较适合安装在书房、有电脑的房间和其他面积小的房间。

罗马帘

罗马帘是指在绳索的牵引下作上下移动的窗帘。面料的选择比较广泛，罗马帘的装饰效果华丽、漂亮。它的款式有普通拉绳式、横杆式、扇形、波浪形几种形式。

比较适合安装在豪华风格的居室中，特别适合有大面积玻璃的观景窗。

垂直帘

垂直帘与百叶帘类似，不过叶片是垂直悬挂在吊轨上的，可以左右自由调光达到遮阳的目的。根据材料的不同可以分为PVC垂直帘、普通面料垂直帘和铝合金垂直帘。

垂直帘可以左右移动不需大幅度开合，适合高度较高的空间。

◆ 极具艺术性的软装，不仅具有装饰性还具收藏价值

壁挂材料

壁挂不仅具有极佳的装饰性和艺术性，还具有很高的收藏价值。它还被称为"软雕塑"或纤维艺术。壁挂材料都属于暖性材料，能够消除现代生活中因为大量使用硬质材料制品所造成的单调感和冷清感。不同材料的重量和特点有一定的区别。

毛织壁挂

毛织壁挂也叫挂毯，原料和编织方法与地毯相同。挂毯图案以山水、花卉、鸟兽、人物、建筑风光等为题材，国画、油画、装饰画、摄影等艺术形式均可表现出来。

毛织壁挂图案的选择宜结合家居风格具体定夺，还需要注意尺寸与墙面比例的协调性。

印染壁挂

印染壁挂的材料主要为棉布，是采用印染的方式将图案在棉质布料上呈现出来，加工成壁挂的形式，用来装饰家居墙面。此类壁挂的花样较多，最具艺术性的是扎染产品。

比起其他几种壁挂，印染壁挂清理和保养都比较容易一些，适合多数家庭。

刺绣壁挂

刺绣壁挂的形式非常多样，它是将刺绣品加上边框，悬挂在墙面上的壁挂形式。底部材料可以是丝绸或棉布，也可以是其他方便进行刺绣的合成材料，具有浓郁的民族特点。

刺绣壁挂根据刺绣内容的不同，适合不同家居风格，多为中式风格。

棉织壁挂

以棉线为主要材料，通过编织将图案呈现出来的一种壁挂形式。此类壁挂具有非常独特的外观，能够让人感觉非常温暖，质量比毛织壁挂要轻。

居室装修完成后，如果感觉特别冷清，可以加入一幅棉织壁挂。

TIPS

壁挂悬挂在装饰画的位置上

壁挂是悬挂的软装饰品，如果不确定它的悬挂位置，可以挂在墙面上适合放装饰画的位置上，通常不会出错。例如沙发背部的位置，可以采用一幅大一些的壁挂，或者组合式的小壁挂；卧室的背景墙上也可以悬挂壁挂。壁挂比较容易落灰，所以需要经常保养，如果家里人口多，有老人和孩子，就不建议选择壁挂做装饰。

◆ 不仅要能够体现居住者的特点，还应满足舒适感

床上用品款式

卧室是最能体现生活品质的地方，而床又是卧室中的主角和绝对的视觉焦点。床上用品被认为是一种特殊的服饰，它体现着居住者的身份、修养和兴趣。所以床上用品的款式选择和搭配非常重要，不仅关系到装饰性，还关系到使用的舒适感。

套件

床品套件是卧室中除了窗帘外，占据面积最大的软装，常见的有十件套、八件套、六件套、四件套等。用来套在被芯、枕芯和床垫上，起到装饰及使床铺更舒适的作用。

不同尺寸的床适合不同尺寸的套件，应按照尺寸购买。

床保护垫

床保护垫指在弹簧等材料的床垫上放置的一层保护垫。它与被芯相似，但更硬挺，能够让床铺更舒适，还能保护下面的床垫，常见面层材料为棉、珊瑚绒等。

床保护垫分为软垫和硬垫，根据使用者的睡眠习惯选择合适的床垫。

枕芯

枕芯属于床上用品，是枕头的主要组成部分。它的主体为填充材料，使枕头在使用时保持一定的高度，常见的填充料有荞麦、木棉、化纤、乳胶、羽绒、慢回弹棉等。

枕套决定枕头的美观性，枕芯决定舒适性，应根据使用者的肩宽选择高度。

被芯

被芯是被子的内芯部分，是被子的主要组成部分，它决定了被子的透气性和保温性。常见填充材料为羊毛、蚕丝、羽绒、中空纤维、棉花等。

建议根据使用者的喜好和需求，选择合适的填充材料。

靠枕

靠枕是卧室中必不可少的软装饰，使用方便、灵活，可随时更换图案，用途广泛。它能够活跃和调节卧室的气氛，装饰效果突出，通过色彩、质地、面料与周围环境的对比，使室内的艺术效果更加丰富。

根据床上用品的图案进行设计会具有整体感，单独设计能活跃氛围。

◆ 除了满足质量、性能的要求外，还应满足装饰性

套件材料

床品套件除了内在质量的要求外，还应具有很好的外观以满足装饰性。性能也应满足使用需求，面料的抗撕裂强度、耐磨性、吸湿性、手感都应较好，缩水率应控制在1%以内，布料的色牢固度应符合国家标准。

设计师推荐 1 棉

设计要点　在支纱密度相同的情况下，其手感及舒适度均较平纹好，但撕裂强度不及平纹。

以棉花为原料，通过织机，由经纬纱纵横交错而织成的纺织品。具有吸湿、保湿、耐热、耐碱、卫生等特点，但容易皱、易缩水、易变形。可分为平纹和斜纹两种织法。

设计师推荐 2 天丝

可以用天丝产品来取代丝绸产品，同样具有光泽感，但更容易养护。

天丝是一种全新的黏胶纤维，湿强度、湿模量比棉高。具有良好的吸湿性，又有合成纤维的高强度。尺寸稳定性较好，水洗缩率较小，织物柔软，有丝绸般光泽。

涤棉

涤棉属于混纺纤维，是用部分天然纤维和化学纤维混纺而成的，既有天然纤维的舒适性又有化学纤维的耐用性。色牢度好、色彩鲜艳、保形效果好，比较耐用。易起球、起静电，亲和力较差。

舒适度不如纯棉，但不易掉色，适合喜欢棉的感觉但觉得不好养护的人使用。

涤纶

涤纶属于合成纤维，具有优良的定型性能，强度高、弹性好，具有较高的耐热性和稳定性。表面光滑、耐磨、耐光、耐腐蚀、染色性较差，但色彩牢固性好，不易褪色。

亲肤性较差，如果没有特殊需求，还是建议选择天然纤维的产品。

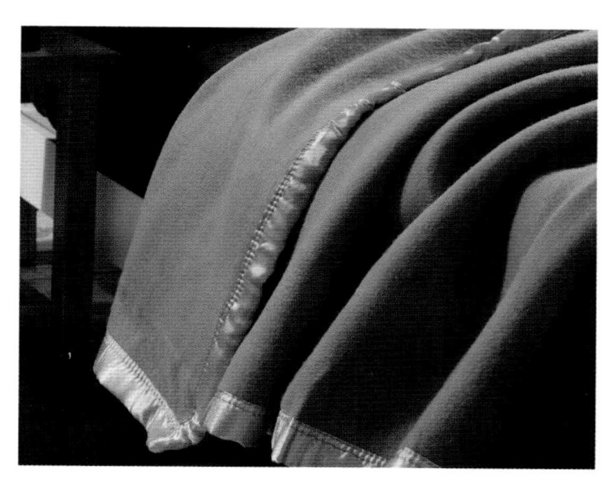

腈纶

腈纶是一种触感比较好的材料，外表颜色鲜艳明亮，具有“人造羊毛”之称。质感、保暖性和强度都比羊毛要高，同时具有很好的复原性能，不易变形。但耐碱性和耐高温性能不及羊毛和纯棉。

质感比较温暖，适合在冬季或者寒冷地带使用。

竹纤维

竹纤维是从竹子中提取的一种纤维素纤维，享有“会呼吸的生态纤维”的美称，具有超强的抗菌性，且吸水、透气、耐磨性都非常好，还能防螨虫、防臭、抗紫外线。

能够增强机体的免疫力，并能够杀菌、抗衰老，适合体弱的人群。

真丝

真丝面料一般指蚕丝，包括桑蚕丝、柞蚕丝、蓖麻蚕丝、木薯蚕丝等。真丝的吸湿性、透气性好，静电性小。蚕丝含有18种人体需要的氨基酸，可以使皮肤变得光滑润泽。

真丝床品有利于防止湿疹、皮肤瘙痒等皮肤病的产生，适合有此病症的人群。

亚麻

亚麻类纤维具有天然优良特性，是其他纤维无可比拟的。亚麻类床上用品具有独特的卫生、护肤、抗菌、保健功能，并能够改善睡眠质量。它纤维强度高，有良好的着色性能，具有生动的凹凸纹理。

亚麻床品很适合在夏天使用，颜色通常都较为柔和，且不沾身。

◆ 材料决定了枕头的舒适性，关系到人的身体健康

枕芯材料

睡眠对人的身体健康有着至关重要的作用，睡眠质量不好，可能会引发抑郁症、颈椎病等一系列的疾病。一个好的枕头可以缓解这些状况，而枕芯更是决定枕头质量的关键，不同的枕芯材料有着不同的效果。

设计师推荐 1 乳胶

非常适合儿童使用，乳胶枕的枕套需要特别定制，款式比较少。

乳胶枕弹性好，不易变形、支撑力强。对于骨骼正在发育的儿童来说，可以改变头形，而且不含引发呼吸道过敏的灰尘、纤维等过敏源，有的乳胶枕还具有按摩和促进血液循环的效果。

设计师推荐 2 决明子

对肝阳上亢引起的头痛、失眠，脑动脉硬化、颈椎病等，均有辅助治疗作用。

决明子性微寒，略带青草香味，种子坚硬，可对头部和颈部穴位按摩。天然理疗用途较多，应用于降压、通便、减肥等领域。另外决明子特有凉爽特性，夏天使用特别舒适。

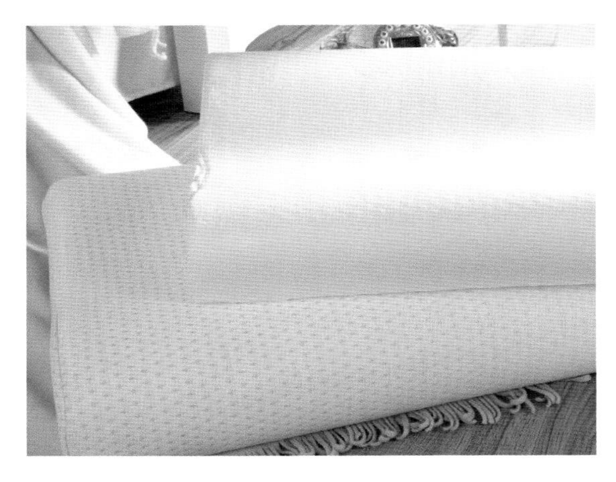

慢回弹

慢回弹也叫记忆棉，能够吸收冲击力，枕在上面皮肤感觉没有压迫。按照人体工学设计，记忆变形。还可以抑制霉菌生长，驱除霉菌繁殖生长产生的刺激气味，吸湿性能绝佳。

自动塑形的能力可以固定头颅，有效地预防颈椎问题，适合颈椎有问题的人群。

寒水石

寒水石枕头是以寒水石为填充物作枕芯的枕头，寒水石性寒，吸湿热，有助眠功效，是集磁疗、理疗和药疗为一体的养生枕头，可以在睡眠中同时养生。

适合有养生追求的人群使用，有整块石头的款式，也有石头片的款式。

荞麦

荞麦枕是天然材质的枕头，荞麦具有坚韧不易碎的菱形结构，而荞麦皮枕可以随着头部左右移动而改变形状。清洁的方法是定期放在太阳下照射， 其缺点则是可塑性较差，很难贴合人体曲线。

荞麦枕不适合有颈椎方面疾病的人使用，不能缓解病症。

羽绒

羽绒枕蓬松度较佳，可提供给头部较好的支撑，也不会因使用久了而变形。而且羽绒有质轻、透气、不闷热的优点。羽绒枕是上好材质的枕头，但其最突出的缺点是不好清洗。

选择羽绒枕一定要注意品质，品质不好的会带有异味，支撑性也差。

木棉

木棉是木本植物木棉树果实中的天然野生纤维素，是纯天然的枕头填充材料。木棉纤维中空度高达86%以上，是超高保暖、天然抗菌的材料，木棉纤维超短、超细、超软。

木棉可祛风除湿、活血止痛，适合有这方面需要的人群使用。

弹性管

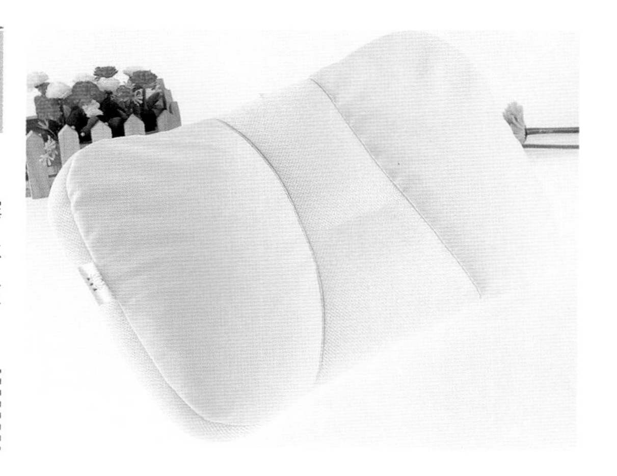

新型枕芯是采用高复合分子材料制成的，相比传统的枕芯具有塑性好、吸湿性好、防霉抗螨等功效。枕芯水洗清洁更方便，符合人体生理曲线，有按摩头部的作用，促进体内血液循环，增强新陈代谢。

有一定的治疗效果，适合有增强新陈代谢需要的人群使用。

◆ 除了满足质量、性能的要求外，还应满足装饰性

床保护垫材料

床垫上方放置保护垫能够保护床垫，且增加睡眠的舒适度。床保护垫按照材料可以分为竹炭、珊瑚绒、羊毛、乳胶和棕垫，其中乳胶垫价格最高，性能最佳，很适合老人和孩子使用，其他几种各有优点，可以根据使用者的身体状况选择。

设计师推荐 竹炭

设计要点 对风湿性疾病、寒冷潮湿引起的腰酸背痛有良好的保健功效。

竹炭床保护垫是采用最新工艺，结合现代科学的方法精制而成。它具有吸潮、防潮、净化空气、杀菌、放射远红外线功能。对人体有很好的保健作用。

珊瑚绒

珊瑚绒是一种新型面料，具有不褪色、不缩水、不起球、柔软舒适、容易洗涤的优点，并且质地细腻，材质柔软，外形美观，手感顺滑，透气，吸湿性强，图案美观，具有防滑性能。

设计要点 珊瑚绒床垫染料无毒环保，内部填充优质纤维，软硬适中，适合大部分人群。

羊毛

羊毛垫填充物为100%羊毛，具有吸湿、排汗的优点。羊毛可以吸收高达自身重量35%的水蒸气，且没有潮湿感，能够保持32.7℃的恒温，从而达到冬暖夏凉的效果。

羊毛不易产生静电，不会黏附灰尘和污垢，适合卫生要求高的家庭。

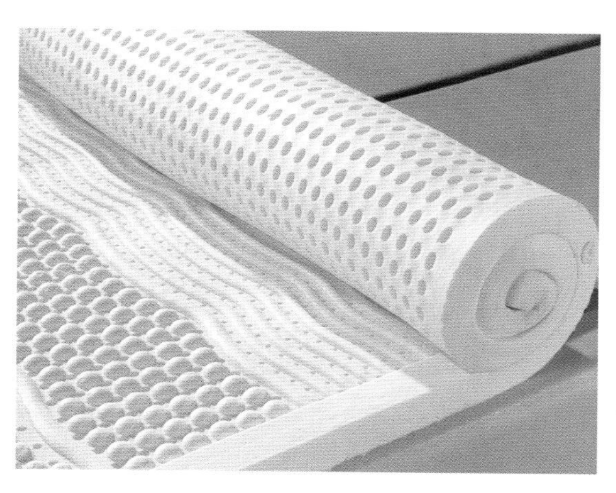

乳胶

分为合成乳胶和天然乳胶两种，合成乳胶原料为石油，弹性和透气不足；天然乳胶原料为橡胶，带有乳香味，柔软舒适，透气良好，其中的橡胶蛋白能抑制病菌和过敏源。

特别适合喜欢过敏的人，以及老人和孩子使用。

棕垫

由山棕或椰棕添加现代胶粘剂制成，具有环保的特点。山棕和椰棕床垫的区别是，山棕韧性优良，但承托力不足，椰棕整体的承托力和耐久力比较好，受力均匀，相对山棕偏硬。

棕垫质感较硬，厚度比较厚，下方床垫材质应硬挺一些，适合喜欢硬床的人。

◆ 根据身体状况和需要，选择合适的材料的被芯

被芯材料

被子是由被芯和被套组成的，被芯就是指被套内套着的物品，是被子的主要组成部分。按照被芯的主要材料不同，可以将被子分为棉被、中空纤维被、羊毛被、蚕丝被、羽绒被等，可以根据使用者的身体情况具体选择被芯的材料。

设计师推荐 蚕丝

设计要点 可以使皮肤自由地呼吸，保持皮肤清洁，适合女性或者有美肤需要的人群。

蚕丝被芯有良好的保暖性和吸湿性。蚕丝织物质地轻软，触感舒适。蚕丝富含人体必需的氨基酸，对皮肤的排汗、呼吸有很好的辅助作用，它对人体有滋养功能。

棉

棉被芯是以棉花絮为填充物的传统类被芯，手感蓬松，保暖性好，价格便宜。缺点是不易清洗，棉容易吸潮板结而影响其保暖性，需要经常晾晒。

设计要点 棉被芯保养比较麻烦，不适合对卫生要求高的家庭。

中空纤维

中空纤维被芯是采用三维螺旋卷曲、以中空纤维为主要填充物的科技被子。此种被芯每根纤维截面中有3~9个中空小孔，立体的三角形骨架结构可以储存大量空气，使体温不易散失。

适合容易感到冷、体温流失快、体质偏寒的人群。

羊毛

羊毛被芯是采用经过加工过的羊毛为填充物制成的被子。在所有纤维中羊毛有着独特的绝热性，弹性卷曲可有效保留空气并使之均匀分布在纤维间。羊毛被子耐用、轻柔、舒适。

羊毛被芯特别适合有哮喘病或呼吸道敏感的人使用。

羽绒

羽绒被芯能够在睡眠时吸收身体散发出来的水蒸气，并将它排除体外，使人体保持在恒温的状态下。它的保暖性、透气性和舒适性也很好，非常轻。有白鹅绒、灰鹅绒、白鸭绒、灰鸭绒、鹅鸭混合绒等多种。

羽毛容易导致易过敏人群过敏，所以一般老人和小孩不适合用羽绒被。

布艺组合增添了浪漫感

卧室以新古典风格为装饰主题，硬装采用米黄色搭配红褐色，具有温馨而明快的感觉。软装方面仍然以米黄色为主色，以加强整体感，再加入部分淡雅的蓝灰色系的布艺，清新而又浪漫。

1 欧式混纺罗马帘
2 欧式互访装饰窗幔
3 欧式绸缎圆形靠枕
4 欧式绸缎圆柱形靠枕
5 欧式丝质床品套件

1 纱质平开帘
2 混纺平开帘
3 美式丝绸方形靠枕
4 美式丝绸长方形靠枕
5 美式棉质沙发套
6 美式混纺桌旗

布艺增加了生活气息

布艺充斥着客厅空间的每一个角落，无论是双层式的窗帘还是沙发上舒适的靠枕、茶几上的桌旗，它们的加入不仅柔化了线条、增添了生活气息，也让整体空间的配色层次更丰富。

1 田园风草编卷帘
2 美式混纺平开帘
3 美式混纺靠枕

窗帘和靠枕增加了田园韵味

餐厅面积较大，有两扇窗，同时选择了草编的卷帘和格子图案的平开帘做双层设置，能够满足不同的使用需求。两者素雅的色彩与餐椅上的靠枕相呼应，为餐厅增添了田园韵味。

Part 4
装饰镜

在家庭装饰中，镜子具有实用性和装饰性的双重效果，因此，镜子也属于家庭常用软装之一。在恰当的位置放置一面镜子，除了能够让房间看起来更加开阔和宽敞外，还能够增加一些华丽的装饰效果。

装饰镜风格

装饰镜在家居环境中，除了扩展空间面积外，主要用途为装饰空间。所选择的装饰镜颜色及造型应与家居空间的墙面、家具等装饰元素的风格相协调，才能够使人产生共鸣。

简约风格

简约风格居室所使用的装饰镜，颜色宜采用单一色系，线条应尽量简练，造型不宜太夸张。边框材料可以是金属、玻璃，也可以是木框和塑料框，材质可选择性比较多。

简约风格家居可以混搭其他风格的镜子，但不建议选择造型太复杂、太夸张的款式。

后现代风格

后现代家居风格中的镜子，边框可以选择黑色、白色或灰色等具有冷感的色彩。边框选择以金属或玻璃等个性材料为主的款式，造型方面要有设计感。

后现代风格的装饰镜款式可以夸张，但摆放时要注意留白，不能让人感觉拥挤。

欧式风格

欧式家居风格适合使用造型复杂一些的装饰镜，颜色以金色、银色为主。边框可以是金属材料、也可以是描金的树脂、塑料等，要求做工精致、考究。

如果居室内有壁炉，建议将欧式风格的装饰镜摆放或悬挂在壁炉上方。

中式风格

中式风格讲究对称式的设计，虽然新中式有改良，但也不建议搭配样式太夸张的装饰镜。边框材料选择自然类的木质、编织框为佳，带一些中式典型造型元素更好。

中式风格的装饰镜不需要太强烈的色彩，黑色或中性的棕色最佳。

自然风格

自然类的风格有东南亚风格、田园风格、美式乡村风格等，地中海风格也属于自然风格的一员。这些风格使用的装饰镜，建议选择木质、藤编、椰壳或者其他自然元素的材料为佳，淳朴的铁艺边框也适用。

自然风格追求自然感，所以装饰镜边框不适合选用不锈钢、玻璃等材料。

◆ 使用空间不同，装饰镜的类型也应区别对待

装饰镜空间

在家庭装修中，特别是带有缺陷的户型，例如面积窄小、进深过长、开间过宽等，运用镜子做装饰是最为常用的装饰手法，既能够起到掩饰缺点的作用，又能够达到装饰的目的。根据使用空间的不同，所选择的装饰镜大小或类型建议区别对待。

客厅装饰镜

在客厅使用装饰镜，可以营造出宽敞的空间感，还可以增添明亮度和华丽感。摆放或悬挂位置可以是壁炉的上方、电视的两侧、电视柜的上方或沙发的上方等位置。

镜子最好不要嵌在客厅的天花板上，这会使坐在客厅的人有压抑感。

餐厅装饰镜

餐厅中的装饰镜，最常见的位置是餐桌的侧面，可以摆放在餐边柜上，也可以固定在墙面上或者直接摆放在地面上。此处使用镜子能够扩展空间，以及反射各式菜肴，非常具有装饰效果。

小餐厅非常适合用装饰镜来装饰墙面，且建议大面积使用。

卧室装饰镜

在卧室安装一面镜子是常见的装饰手法，可以悬挂在面积较大的墙面上，可以镶嵌在衣柜门上，还可以固定在卧室门上。整理仪容用的建议大一些，装饰用的建议小一些。

卧室中使用装饰镜，不建议正对床的位置，夜晚容易使人惊慌。

玄关装饰镜

玄关摆放装饰镜也是较为常见的家居装饰手法，主要作用是方便出门前检查妆容。装饰镜可以固定在墙面上，也可以摆放在玄关柜上，再搭配一盆鲜花，效果会更好。

如果换衣在玄关完成，建议采用能够将人全部照进去的款式。

过道装饰镜

家中如有较长的过道，可在两侧交错或单侧悬挂装饰镜，能够使过道看起来比较宽敞；如果走廊较黑暗、弯曲，可在弯曲处悬挂凸镜来丰富视野。还可以利用镜子来改变过道的比例。

过道中的镜子宜选择大块面的造型，可以是立式的，也可以是横式的。

◆ 选择恰当材料的边框装饰居室，才能获得美感

装饰镜边框材质

家居使用的装饰镜，镜子都采用水银镜面，不同的是边框采用的材质。不同材质和造型的边框，所适合的家居风格也不同，恰当的组合搭配才能让房间变得更漂亮、更具美感。

设计师推荐 木质边框

设计要点 木框装饰镜色彩以白色、黄色、黑色和棕色为主，适用范围很广泛。

木质边框的装饰镜可以分成两种类型，一种是平框没有任何花纹的款式，一种是带有雕刻式花纹的款式。前一种简约，后一种华丽一些，分别适合不同风格的居室。

铜质边框

铜框装饰镜可分为两类：一类是明亮的铜，一类是经过做旧处理的铜。前者比较华丽，后者复古并具有历史感和沧桑感。此类镜框个性十足，适合有历史痕迹的风格，例如中式、欧式。

设计要点 亮铜装饰镜如果运用得不够好，很容易使人觉得有俗气感，搭配时应注意。

铁艺边框

铁的可加工性能好，所以铁艺边框的镜子造型比较多样，例如掐丝、点线面结合、块面与线结合、大块面等诸多样式，可选择性非常多，颜色以黑色和古铜色较多。

设计要点 黑色铁艺镜子比较古朴，适合自然类的风格，古铜色比较华丽，与铜镜类似。

不锈钢边框

不锈钢镜框可以分为亮面不锈钢和拉丝不锈钢两种类型。亮面不锈钢非常光亮，能够增添时尚而华丽的感觉，拉丝不锈钢则具有质感，显得高档、典雅。

设计要点 不锈钢边框的镜子，除了适合现代、后现代风格外，也适合新古典风格。

塑料边框

塑料镜框的原材料为聚苯乙烯,属于硬塑料，它主要采用磨具压制的方式进行加工，多为大块面的造型，无法像铁艺一样细化，花样和颜色可选择性较多，但缺乏灵动感，价格低廉。

设计要点 部分金黄色的塑料镜框可以替代铜框，质感差一些但质量轻。

藤编边框

经过处理的藤坚韧、不易断、材质质感极好。采用编织的方式做成镜框搭配水银镜，具有现代风格与质朴风格融合的感觉。藤框多为中性色，花样较少，给人柔和、淳朴的感觉。

藤框类装饰镜适合与其风格相符的自然类家居风格，特别是东南亚风格。

皮边框

皮框是用木框等作为底料，上方采用皮料包裹构成的。皮框装饰镜的色彩比较单一，没有过于艳丽的色彩，与木框及藤框一样，多为中性色，质感柔和，具有古典感。

皮框装饰镜与木框类似，适用风格比较广泛，但更适合搭配美式乡村风格。

树脂边框

树脂相框原料为树脂，是一种无毒害、环保型化工原料，成品具有金属的强度，具有非常好的流动性且易于成型。此类相框表面有手绘做色效果，外表雕刻为纯手工制作而成，纯手工打磨，多为欧式风格。

适合与欧式、法式风格居室相搭配，例如新古典风格、洛可可风格等。

案例解析

1 欧式树脂边框装饰镜
2 简欧石材壁炉
3 新古典皮质沙发

欧式装饰镜增加华丽感

白色的皮质沙发和简化了造型的石材壁炉都彰显出显著的风格特点，给人以典雅、高贵的感觉。壁炉上方摆放一个带有精美雕花造型的金色树脂装饰镜，为新古典风格客厅增添了一些华丽感。

1 美式铜框装饰镜
2 美式木质圆餐桌
3 美式做旧木质餐椅
4 美式做旧铜质吊灯

镜框与灯具材质呼应强化美式风格

经艾炙处理的木质餐椅和厚重的餐桌，搭配大地色的墙面，凸显出浓郁的美式风格，而在做旧处理的铜质吊灯和铜质装饰镜加入后，这种古朴、厚重的感觉被强化到了极致。

装饰画无法比拟的装饰效果

客厅选择了混搭的方式来装饰，欧式灰色布艺沙发组合欧式皮质休闲椅，茶几却选择了现代风格的玻璃茶几，由于沙发的造型相对简约，配以和谐的色调过渡，虽然是混搭，效果却非常和谐。墙面用造型复杂的装饰镜取代了装饰画，不仅增添了时尚感和华丽感，在不同位置还能看到不同的物体反射，具有装饰画无法比拟的独特效果。

1 现代风格铁框装饰镜
2 欧式灰色布艺沙发
3 现代风格玻璃茶几
4 欧式皮质休闲椅

1 简约木框装饰镜
2 简约木质电视柜

大块面的装饰镜扩展过道空间

从客厅电视墙的转角处开始，至整个过道的转折处墙面，全部用装饰镜包裹，并用木框固定，从视觉上大大扩展了空间的面积，增加了通透感和明亮感，很适合面积小及采光不佳的过道。

1 美式风格树脂装饰镜
2 美式做旧木质装饰柜
3 混纺平开帘
4 美式铁艺床

呼应的配色强化整体感

卧室内的软装采用了呼应的配色方式，例如装饰柜和铁艺床都选择黑色款式，装饰镜和窗帘都选择了做旧金色，同时在一个色系内进行多种质感组合，既整体又不乏层次感。

Part 5
工艺品

工艺品有其独特的艺术表现形式，不仅可以烘托环境气氛，还可以强化室内风格特点，增加审美情趣，实现室内环境整体的和谐统一。在家居设计中，装饰品越来越受到人们的欢迎，作为重要的表现手法之一，使生活环境更富有魅力。

◆ 注意风格特征，有的可以混搭，有的不适合混搭

工艺品风格

工艺品能够“悄无声息”地强化家居风格的特征，虽然多数工艺品的体型不大，但作用却是非常显著的，它能够不经意地流露出居住者对待生活的态度，然而只有与居室主体风格相符的工艺品，才能够鲜明地体现设计主题。

简约风格

简约风格的工艺品，造型不需要太复杂，但要求具有神韵。工艺品的线条尽量简洁、利落，多为黑白灰或高纯度彩色；材质可选择玻璃、金属或者陶瓷，数量宜少不宜多。

选择简约风格的工艺品，要注意材质和造型与周围软装的互动性。

现代风格

现代风格家居的显著特点是，在装饰与布置中最大限度地体现空间与软装饰的整体协调。因此，工艺品造型多采用几何结构，材料为金属、玻璃、石材以及柔和的木料如橡木等。

现代风格与后现代风格工艺具有一些共同点，可以混搭使用。

后现代风格

与现代风格特征相呼应，后现代风格的工艺品多带有夸张的立体结构式造型，所使用的材料质感很强，例如彩色玻璃、黑色或银色金属、黑色或石膏质感的陶瓷等。

后现代风格显著特征是夸张感，即使是陶艺也都带有立体感的花纹或者个性的配色。

欧式风格

由于历史渊源，欧式风格的工艺品常常带有贵族气息，非常华丽，虽然有很多不同的类型，但总结性的来说，优雅和华美是此类工艺品的特色。

除了在风格基调上融洽之外，欧式工艺品色调的和谐也是必须注意的地方。

美式风格

美式家居风格非常注重生活的自然舒适性，充分显现出朴实风格。所选择的工艺品应与美式特点相符，材质上可以选择木质、藤、铁艺、做旧铜等材料， 颜色建议以厚重、古朴的色彩为主。

不适合使用玻璃、亮面金属等现代感较强的工艺品。

东南亚风格

东南亚风格的家居看上去非常古朴，却散发着低调的妩媚感。具有清凉感的藤编、厚重的印尼木雕以及古旧的铜工艺品、泰式锡器等，都非常适合用在东南亚风格家居中。

东南亚风格家居不适合使用极具现代感的不锈钢、玻璃等类型的工艺品。

日式风格

日式家居中适合摆放一些具有明显和式韵味的工艺品，具有代表性的有日本军刀、具有收藏价值的面具、陶瓷材料的招财猫等，除此之外，可以选择一些自然材料的工艺品。

日式家居带有一种禅意，不建议选择过于现代的材质和夸张造型的工艺品。

韩式风格

韩式风格家居实际上是取百家之长，主要是融合了欧式风格和田园风格的部分特点，风格显著特征是含蓄淡雅。所使用的工艺品也应围绕着这一特点选择， 陶艺、瓷器、字画或具有某些含义的韩式古物品等均可。

可以选择配色柔和一些的人偶摆件或白色系列的陶瓷艺术品。

地中海风格

地中海风格的家居具有海洋般的美感，所使用的工艺品应与风格特征相符，选择陶瓷、铁艺、贝壳、编织或者木质材料，能够加强淳朴的韵味。

陶瓷类工艺品建议选择蓝色、白色，也可以选择大地色，铁艺可以选择黑色。

法式风格

法式风格的工艺品具有明显的法式民族特征，可以分为华丽和朴素两个派别。华丽派多采用陶瓷描金或做旧金属，朴素派多使用素色陶瓷和铁艺，根据家具风格选择即可。

法式风格家居讲求对称式的造型，工艺品也可采用同样的方式布置。

中式风格

中式家居风格适合搭配具有中式特征的工艺品，不仅仅限于以装饰性为主的物品，传统的屏风、青花瓷瓶甚至是文房四宝和古典式家具，都能够作为工艺品来装饰居室。工艺品的材料选择木质和陶瓷容易获得协调的效果。

可以进行混搭，但建议避免采用造型和材料组合过于夸张的工艺品。

◆ 不同原料具有不同特点，结合喜好和居室风格选择

工艺品材质

在实际运用中，工艺品主要是按照使用材料进行分类的，具体可以分为实木雕刻工艺品、玻璃工艺品、水晶工艺品、铁艺工艺品、铜工艺品、不锈钢工艺品、锡器、瓷工艺品、陶工艺品、玉器和编织工艺品等，不同材料的工艺品具有不同的特点。

设计师 **推荐**

玻璃工艺品

玻璃工艺品适合现代类的家居风格，以及一些具有华丽感风格的家居使用。

玻璃工艺品是用手工将玻璃原料或玻璃半成品加工而成的产品，具有创造性和艺术性。一般分为熔融玻璃工艺品、灯工玻璃工艺品、琉璃工艺品三类，造型和色彩可选择性较多。

实木雕刻工艺品

木质坚韧、纹理细密、色泽光亮的木材是硬木，是造型细密的木雕工艺品的主材。木雕工艺品的种类多样，包括各种人物、动物甚至是中国文房用具等。

优质的木雕工艺品具有收藏价值，但对环境的湿度要求较高，不适合干燥地区。

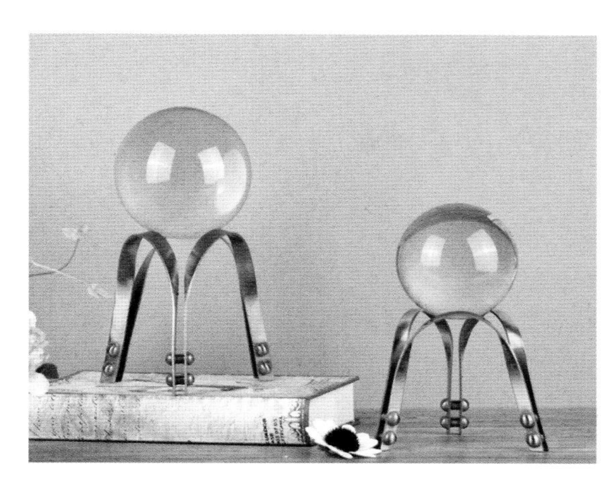

水晶工艺品

水晶工艺品是指以水晶为材料制作的装饰品。它具有晶莹通透、高贵雅致的观赏感，不同的水晶还具有不同的作用，深受人们喜爱，具有较高的欣赏价值和收藏价值。

设计要点

选择水晶工艺品，可以结合使用者的具体需要而挑选合适的种类。

铁艺工艺品

以铁为原料的工艺品类型，具有代表性的是铁皮娃娃，它是用人工打造、焊接、塑性，通过烤漆、喷塑、彩绘等多道工序组合而成的产物，做工精致，设计美观大方。

设计要点

铁艺工艺品不但环保，而且耐用，可以长期摆放而不易生锈。

铜工艺品

铜工艺品主要原料为青铜、紫铜和黄铜，纯正的青铜器和紫铜器一般年代都比较久远，具有历史价值和收藏价值。现代铜工艺品多为黄铜制品，主要加工方式为雕塑，多为人物、动物等摆件以及花瓶、香炉等用品。

设计要点

铜工艺品分为平面和立体两类，平面的一般用来悬挂，立体的用来摆放。

不锈钢工艺品

不锈钢工艺品是指以不锈钢材料为主，辅以其他材料加工制作而成的工艺品。属于特殊的金属工艺品，比较结实，质地坚硬，耐氧化，无污染，对人体无害，属于绿色工艺品。

适合简约风格、现代风格、后现代风格、新古典风格的家居。

锡器工艺品

锡器工艺品是以锡为原料加工而成的金属工艺品，锡除了具有优美的金属色泽外，还具有良好的延展性和加工性能，用锡制作的各种工艺品栩栩如生，是其他任何金属工艺品都难以达到的。

锡器除了装饰作用外，还具有实用性，即使是茶叶罐也可以作为工艺品。

银工艺品

银工艺品是以白银为原材料，运用各种工艺，制成各种造型的工艺品。可以分为银丝工艺品和实体工艺品两种，此类工艺品题材丰富，既有民族特点的银丝装饰又有适合各种风格的动物、人物等，具有收藏价值。

摆放位置很重要，应避免潮湿和强光的区域，防止氧化。

陶瓷工艺品

以陶瓷为原料制成的工艺品，家居陶瓷工艺品大多制作精美，即使是近现代的陶瓷工艺品也具有极高的艺术价值。陶瓷工艺品的款式繁多，主要以人物、动物或瓶件为主。

陶瓷工艺品不仅仅适用于中式风格居室，其适用的风格非常多样化，不同内容适合不同风格居室。

玉器工艺品

以玉石为原料，通过各种雕刻手法制成的工艺品类型。此类工艺品以佛像、动物和山水为主，多带有中国特有的美好含义或寓意，大部分都带有木质底座。

适用于中式风格的居室，佛头类也适用于东南亚风格居室。

编织工艺品

以自然材料为原料，通过编织加工而成的工艺品类型。包括草编、柳条、玉米皮、竹编等。此类工艺品具有乡土特色，非常淳朴，颜色较少，多数为中性色，比较好搭配，经济实用、美观大方。

适合与具有自然韵味的家居风格相搭配，如田园风格。

玻璃工艺品

玻璃工艺品是指用低熔点的玻璃制成的工艺品，又称料器。不同角度光线的照射及色彩的折射，能够呈现出千变万化的立体视觉效果，具有纯净之美。

将玻璃艺术品与灯光结合，能够为家居增添高级的华美感。

石材工艺品

以石材为原料的工艺品，主要加工方式为雕刻。此类雕塑讲究造型逼真，手法圆润细腻，纹式流畅洒脱。家居石雕的主要原料为大理石，质地坚硬，多以人物、动物为主题。

在墙面上镶嵌一幅石雕艺术品，能够使空间具有非凡的艺术效果和大气感。

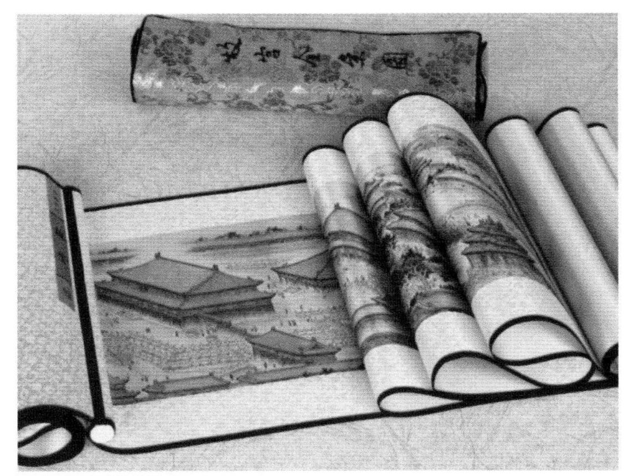

丝绸工艺品

丝绸工艺品是以丝绸为主要原料，采用刺绣技术，将人物、山水、动物等表现出来的工艺品种类，分为平面和立体两种造型，具有鲜明的中国特色，属于我国传统民族工艺品之一。

适合中式风格居室，很多款式都用玻璃保护，摆放要注意安全性。

树脂工艺品

树脂工艺品是以树脂为主要原料，通过模具浇注成型，制成各种造型美观的工艺品，无论是人物还是山水都可以做成，还能制成各种仿真效果，包括仿金属、仿水晶、仿玛瑙等。

树脂工艺品的仿制特点是独有的，可以用它来替代其他材料的工艺品。

漆工艺品

漆器具有耐酸、耐碱、耐热、防腐等特性，很早就被人们利用。发展到现在，漆器不仅具有实用性还发展出艺术性。它的装饰手法多样，有彩绘、描金、填漆等。

适用范围广泛，保养简单，对空间湿度等没有特殊要求。

绒沙金工艺品

绒沙金工艺品是以纯度为99.9%的金、银等贵金属以及高分子混合材料为原料，通过多道工序制成的工艺品，表面是纯度很高的千足金。此类工艺品精致美观，不仅具有观赏性还能够保值。

具有中国特色的工艺品，适合与红色系的家具搭配，具有富贵、华丽的效果。

◆ 数量不宜过多，以免造成混乱感，应起到点睛的作用

工艺品数量

在家居中摆放的工艺品，单独使用一件的时候通常体积都比较大，就需要风格特征明确一些，但这种情况比较少见，多数情况是多个艺术品组合出现。如果出厂设计就是组合形式的摆放就比较简单，若自行组合摆放，就需要注意它们之间的结构关系。

单个工艺品

单个的工艺品，通常体积都比较大，建议摆放或悬挂在比较醒目的位置。大小宜结合背景面积挑选，没有电视的墙面不建议超过墙面的1/3，有电视的墙面不建议超过电视面积的1/2。

挑选单个的装饰品，注意与背景之间的质地对比，例如高光对磨砂。

组合工艺品

组合艺术品分为两种形式，一种是用不同工艺品自行组合，另一种是设计时就是组合的款式。此类工艺品摆放时要注意大小、高低、疏密、色彩的搭配。

多个艺术品可以一件工艺品为中心，层叠摆放时，可以将每层高的部分错落开。

◆ 恰当的摆放方式，才能让工艺品获得良好的效果

工艺品摆放

工艺品想要获得良好的装饰效果，摆放方式是很重要的，既要与整个居室风格相协调，又要能够鲜明体现设计主题。不同类别的工艺品在摆放陈列时，要特别注意将其摆放在适宜的位置，且数量不宜过多，只有摆放得当才能拥有良好的装饰效果。

摆放式

一些较大型的反映设计主题的工艺品，应放在较为突出的视觉中心的位置，以起到鲜明的装饰效果，在一些不引人注意的地方，也可放些工艺品，从而丰富居室装饰。

摆放工艺品时，要注意尺度和比例，随意地填充和堆砌，会产生没有条理的感觉。

悬挂式

此种方式适合能够悬挂的工艺品，如同心结、十字绣等。恰当的悬挂位置能够增加装饰性的墙面，例如装饰柜上方、沙发上方、床头背景墙等位置。

小件悬挂工艺品的颜色可以艳丽些，大件的要注意与居室环境色调相协调。

1 简约风格不锈钢工艺品

2 简约风格木质茶几

3 简约风格皮质沙发

4 简约风格玻璃台灯

工艺品摆放体现简约风格内涵

客厅风格为简约风格，无论是墙面的装饰还是家具的布置，一切均以简洁为原则。选择一个不锈钢材质、造型简练的工艺品摆放在茶几中间的位置上，占据视线中心，使风格的内涵体现得更强烈。

工艺品丰富空间层次感

1 现代不锈钢工艺品
2 现代不锈钢工艺品
3 现代铁艺工艺品
4 现代树脂工艺品
5 现代玻璃工艺品

工艺品选择了多种造型和材质，进行组合形式摆放，不仅层叠，同时还跨越位置，同时在电视墙和茶几上使用不同种类的工艺品丰富空间层次。虽然种类很多，但色彩整体上很统一，并不让人感觉凌乱。

1 东南亚铁艺工艺品
2 东南亚树脂工艺品
3 东南亚石雕工艺品
4 东南亚陶瓷工艺品

高低错落的工艺品强化风格特点

工艺品采用高低错落的方式摆放，形成了起伏的感觉，避免呆板。材料和款式的选择围绕着东南亚家居风格的特点进行，如金色做旧铁艺、石雕等，造型和色彩也符合东南亚风格特征，强化了东南亚风格质朴中带有妩媚感的特点。

用工艺品为客厅增添艺术性

在美式乡村风格的客厅中，加入一系列小件的工艺品，为空间增添了艺术性。工艺品材料以做旧铁艺为主，搭配陶瓷、玻璃等，使整体装饰的质感更丰富，也淡化了一些家具的厚重感。

1 美式陶瓷工艺品
2 美式铁艺工艺品
3 美式陶瓷工艺品
4 美式玻璃工艺品

工艺品色彩与空间整体呼应

1 后现代铁艺工艺品
2 后现代陶瓷工艺品
3 后现代玻璃工艺品

此案例中的工艺品摆放采用了同系列组合的形式，选择三组此种类型的工艺品形成了一个大的组合，为了避免单调，材质进行了不同种类的组合，但色彩与空间主色呼应——全部使用白色，使工艺品与墙面和家具更具整体感。

组合式工艺品打破空间厚重感

1 美式木雕工艺品
2 美式陶瓷工艺品
3 美式铁艺工艺品
4 美式陶瓷工艺品

美式乡村风格的餐厅以大地色家具为主，给人厚重、质朴的感觉。加入与餐桌餐椅同色系的一系列不同材质的工艺品，不仅强化了风格特点，增添了生活情趣，也弱化了一些厚重感，避免让人感觉沉闷。

Part 6

装饰花艺

装饰花艺设计包含了雕塑、绘画等造型艺术的所有基本特征，是一门不折不扣的装点生活的综合性艺术。最重要的是讲究花卉与周围环境气氛的协调融合，居家花艺设计也逐渐发展成为一种常见的、受人们喜爱的软装饰元素。

◆ 花艺讲究与环境融为一体，不同空间不同要求

花艺空间

家居花艺讲究的是空间构成，一件花艺作品在比例、色彩、风格、质感上都需要与所处环境融为一体，不同功能的空间需要不同的氛围，因此，花艺设计的侧重点也有所不同，常用的布置花艺的空间有客厅、餐厅、书房以及卧室。

客厅花艺

客厅是节日家庭布置的重点区域，不要选择太复杂的材料，花材持久性要高一点，不要太脆弱。客厅的茶几、边桌、角几、电视柜、壁炉等地方都摆放花艺，可选百合、郁金香、玫瑰等。

需要注意的是客厅茶几上的花艺不宜太高，容易阻挡视线，且使比例失衡。

餐厅花艺

相比客厅而言，餐厅花艺设计应使华丽感更重，凝聚力更强。餐厅花艺不宜太高，不要超过对坐位置人的视线，圆形的餐桌可以摆放在餐桌中央，长方形的餐桌可以水平摆放。

餐桌的花器要选用能将花材包裹的器皿，以防花瓣掉落，影响到用餐的卫生。

卧室花艺

卧室摆设的插花应有助于创造一种轻松的气氛，以便帮助人们尽快缓解一天的疲劳，插花的花材色彩不宜刺激性过强，宜选用色调柔和的淡雅花材。

卧室花艺可选用生活化气息浓一些的，装饰性不需过重，如木百合、紫罗兰等。

书房花艺

书房是学习研究的场所，需要创造一种宁静幽雅的环境，因此，在小巧的花瓶中插置一二枝色淡形雅的花枝，或者单插几枚长叶、几棵野草，倍感幽雅别致。

风铃草、霞草、桔梗、龙胆花、荷兰菊、紫苑、水仙花、小菊等均适用。

玄关花艺

玄关花艺主要摆放位置为鞋柜或玄关柜、几案上方，高度应与人的视线等高，主要展示的应为花艺的正面，建议采用的是扁平的体量形式。花艺和花器的颜色根据玄关风格选择协调即可。

玄关空间有限，要注意花艺的体积，如果面积小，不适合选择体积大的花艺。

◆ 不同的花艺材质效果不同，养护的方式也有区别

花艺材质

居家花艺最常用的花材就是鲜花，它具有自然的美感和生命力，能使人心旷神怡。但有时候，鲜花并不是适合所有的家庭，它的花期短，需要经常换水，有些人群还会对花粉过敏。此时就可以用其他材质的花艺来代替鲜花，制作成花艺装饰空间。

设计师推荐 1 鲜花花艺

设计要点　装饰效果最佳，但时效短，需要经常更换花材，能够保持新鲜感。

鲜花花艺是最常使用的花艺材料，新鲜的花卉具有蓬勃的生命力，代表着一种自然美，由于它有很强的时令性，因此可以通过花艺让人感受到大自然的时序变化。

设计师推荐 2 干花花艺

设计要点　装饰效果介于鲜花和人造花之间，装饰性比较强，花材之间具有变化。

干花是一种经过多道特殊工艺处理的植物，制作原料主要是草花和野生资源十分丰富的植物，造型美观。经过漂白后的干花可以重新染色，色彩可选择性较丰富。

人造材料

人造花按原料分主要有塑料制品、丝绸制品、涤纶制品。后两者做工精美，能够以假乱真。 一个品种的人造花，花朵大小差不多，在插花时可以处理一下，形成大小差别。

人造花种类多，但造型比较呆板、统一，需要经常清洁。

纸、丝绸花

纸花和丝绸花是介于天然材料和人造材料之间的一种花艺材料，它们的质感和花样不如人造材料的种类多，多数情况下都是作为配花存在的，单独使用容易感觉单调。

将纸花或丝绸花选择合适数量加入到人造花中，能够丰富花艺的质感层次。

非植物材料

在插花过程中，适当运用一些非植物性材料，通常能够获得意想不到的效果。常用的非植物性材料有：金属棒、玻璃管、吹塑纸、雕塑、电线、纤维丝、装饰纸、彩带、绳等。

使用数量不需过多，主要作为点缀使用，色彩与所选花材相协调为佳。

◆ 造型变化要符合规律，具有韵律感，才能具有美感

花艺造型

花艺在进行组插时不可能是一样高度的，其中花枝的高低、曲直、横斜变化，花朵大小、开放程度，都富含变化，这些变化构成了花艺的造型，造型变化要如音乐一般具有韵律感才能让人感受到花艺的真实感和美感。

写景式

写景式是与盆景类似的花艺造型形式，通常体积都比较大，具有创造性和艺术性，较少用于家居中。如果在家居中摆放，建议选择靠墙的区域，或者放在适合摆放盆景的位置上。

写景式属于东方花艺，属于小型景观，能够为居室增加艺术感。

平卧式

该组合形式的花艺，用花数量相对较少，没有高低层次变化，主要为横向造型。疏密有致，主要特点为表现植物自然生长的线条、姿态、颜色方面的美感，别致、生动、活泼。

适合摆放在空间比较充足的区域，例如大的桌面、台面上。

直立式

直立式以第一枝花枝为基准，所有的花枝都呈现直立向上的姿态。此类花艺高度分明，层次错落有致，花材数量较少，表现出挺拔向上的意境，属于东方花艺。

造型可高可低，适合中式、日式、东南亚等家居风格。

下垂式

此类花艺的主要花枝向下悬垂插入容器中，具有俊拔挺秀之姿，最具生命动态之美，具有柔美、优雅的感觉，许多具有细柔枝条及蔓生、半蔓生的植物都宜用这种形式。

适合柳条、连翘、迎春花、绣线菊、常春藤等花材，多为东方花艺。

倾斜式

造型方式为花枝向外倾斜插入容器中，表现一种动态美感，比较活泼生动，宜多选用线状花材，并具自然弯曲或倾斜生长的枝条，如杜鹃、山茶、梅花等许多木本花枝都适合插成此类型。

倾斜式插花蕴含不屈不挠的精神，姿态清秀雅致，属于东方花艺。

半球形

适合四面观赏的对称式花艺造型，所用花材的长度基本一致，形成一个半球形。此种造型的花艺柔和浪漫，轻松舒适，可用来装饰茶几、餐桌、卧室装饰柜等。

属于西方花艺中较为平和的款式，适用范围比较广泛。

三角形

花艺外轮廓为对称的等边或等腰三角形，下部最宽，越向上越窄。结构均衡，形态优美，给人整齐的感觉，多采用浅盆或矮花瓶做容器，家居中可放在角落的家具上。

属于西方花艺的常用形式之一，不同色彩的花艺适合不同风格居室。

L形

属于非对称式的花艺造型，强调垂直线与水平线之间的结构美感。整体造型类似于字母“L”的外形，水平线的左右两边不相等，一侧为长轴一侧为短轴，强调纵横线条的延伸。

适合摆放在家居中窗台或者转角的位置上，属于西方花艺。

◆ 东、西花艺具有不同的特点，讲求意境和造型美

花艺风格

按照风格，插花可分为东方插花和西方插花两种，其中，东方插花又有中国插花和日本插花之分。不同的花艺风格具有不同的特点，例如东方花艺讲究意境，而西方花艺讲究华丽感，总的来说各自分别适合东方家居风格和西方家居风格。

东方花艺

东方花艺是以中国和日本为代表的花艺风格，与西方花艺的追求几何造型不同，东方花艺更重视线条与造型的灵动美感，追求朴实秀雅，崇尚自然，多采用浅、淡色彩，以优雅见长。

中国花艺在风格上强调自然的抒情；日式花艺讲究禅意。

西方花艺

西方花艺也称欧式花艺，西方的花艺设计，总体注重花材外形，追求块面和群体的艺术魅力，色彩艳丽浓厚，花材种类多，用量大，追求繁盛的视觉效果，布置形式多为几何形式。

西方花艺色彩浓厚、浓艳，能够创造出热烈的气氛。

◆ 花艺颜色影响居室氛围和心情，可根据季节做变化

花艺颜色

花艺的主要构成元素为造型和颜色，其中颜色是首先能够引人注意的部分。喜庆的插花表现热情洋溢的气氛，可选用红、黄、橙色的暖色花朵为主色调，适当配以绿色，使色差对比强烈、醒目，宁静的插花则选用蓝、紫色的冷色花朵为基调组插。

设计师推荐 类似色

设计要点 此种配色的花艺效果柔和、平稳，适合卧室、书房等需要平稳感的空间。

使用类似色系的不同花材进行搭配。比如白色、粉、红色搭配；白色、奶黄色、橘红色搭配；白色、淡蓝色、紫色搭配，形成一个色彩层次，给人柔和的印象。

白色

花艺以白色为主，除了花蕊和花叶的颜色外，没有任何其他色彩。此类花艺给人纯洁、干净的感觉，摆放在深色家具上能够形成明度的反差，因为色彩单一很容易单调，造型要有特点。

设计要点 将造型具有特点的单支白色花艺放在客厅的醒目位置上，是一种不错的装饰手法。

单彩色

单彩色的花艺在居家生活中也比较常见，是指将单一颜色的花艺组合的花艺配色方式。不仅仅局限于一个品种，只要是相同色彩皆可组合。此种花艺类型给人感觉比较执着，色彩情感特征较突出。

在春节的时候就可以将不同种类的红色花材进行组合，能让喜庆感增强。

相反色

比如黄色和紫色、红色和绿色等，其中黄绿色和红紫色的组合表现的是一种非常鲜艳的华丽印象。在使用花材时要注意以一种颜色为主，巧妙地保持平衡，以达到一种立体感。

既体现在空间结构上，也体现在软装饰设计中。

近似补色

将黄色、橘黄色、红色等类似色与相反色的蓝色组合，红色、紫色、蓝色与绿色组合，是最具个性的花艺配色方式，同时也给人一种华丽、华贵的感觉。需要注意花材的用量一定要控制，否则容易感觉杂乱。

此类花艺可以使用一组补色，也可使用多组补色，使用补色越多越华丽。

近似色调

将各种浅色的同色系花材搭配在一起，给人一种优美、优雅的印象。比如浅粉红色系、奶油色系、橙红色系的花材搭配使用。需注意造型、材质的对比不可强烈。

为了防止色彩的模糊而削弱视觉点，可加一些大型花材或绿叶来增强效果。

原色

将红色、黄色、蓝色三原色的花材进行组合的花艺配色方式，能够给人艳丽、华贵的印象。因为所有色彩都很强烈，亮度最高的黄色要尽量控制数量，避免过于刺激。

原色花材适合需要活跃氛围的家居空间，例如客厅、活动室等。

多色

使用多种色彩的花材进行组合塑造的花艺，给人的感觉最活泼、最华丽。非常适合在节日时加入到玄关、客厅或餐厅等公共区域中。配色时不建议数量平均，应有主有次，花艺的整体体积也不宜过大。

不适合摆放在卧室和书房等需要安宁感的家居空间中。

◆ 不同材质的容器，能让同种花艺呈现不同效果

花艺容器材料

插花器皿品种繁多，数不胜数。以制器材料来分，有陶、瓷、竹、木、藤、景泰蓝、漆器、玻璃和塑料等制品。每一种材料都有自身的特色，作用于插花，会产生各种不同的效果，花艺的造型构成及变化与所使用的器皿有直接的关系。

设计师推荐 玻璃容器

透明玻璃容器比较简约，彩色玻璃容器品种更多，可以结合家居风格选择。

玻璃容器也是家居常用花器之一，常见有拉花、刻花和模压等工艺，车料玻璃最为精美。由于玻璃器皿颜色鲜艳，晶莹透亮，不仅可作为容器，还可以同时作为家庭装饰品。

陶瓷容器

陶瓷容器的品种丰富，既可作为家居陈设，又可作为插花用的器饰。在装饰方法上，有浮雕、开光、点彩、青花、叶络纹、釉下刷花、铁锈花和窑变黑釉等几十种之多。

陶瓷容器既有朴素的也有华丽的，适用范围非常广泛。

塑料容器

塑料容器是最为经济的花器，价格低廉，灵活轻便且色彩丰富、造型多样。用途比较广泛，用于花艺设计有独到之处，可以与陶瓷器皿相媲美。

除了购买塑料容器外，还可以在日常生活中的自制，为家居增添个性。

树脂容器

树脂花瓶是利用树脂材质通过加工形成的各种造型的花艺容器，树脂容器硬度较高，款式多样，色彩丰富，质地比塑料优良，但性能相差不多。

树脂容器的质感比塑料要细腻，高档的树脂花瓶同时也可以作为工艺品。

金属容器

金属容器是指由铜、铁、银、锡等金属材料制成的花器，具有或豪华或敦厚的观感，根据制作工艺的不同能够反映出不同时代的特点，在东、西方的花艺中都是不可缺少的道具。

亮面的金属花器具有华丽的观感，做旧处理的金属花器则比较质朴。

编织容器

编织容器是采用藤、竹、草等材料用编织的形式制成的花器，具有朴实的质感，与花材搭配具有田园气氛，易于加工，形式多样，具有田园风情。

内部没有底衬材料的编织容器适合装干花或人造花，不适合装需要水的鲜花。

木容器

木容器原料为实木，经过彩绘、萃彩、雕刻、仿古等工艺修饰。此类花器造型典雅、色彩沉着、质感细腻，不仅是花器也是工艺品，具有很强的感染力和装饰性。

适用范围广泛，可涉及欧式、中式、古典、现代等家居风格。

竹容器

将竹筒直接挖空制作成的花艺容器，表面会配有描绘或雕刻的图案，面层多做漆处理。竹容器内部可以放水，所以无论是鲜花、干花还是人造花都可以使用竹容器，它具有自然的美感和淳朴韵味。

竹容器颜色比较少，多为中性色，不适合搭配体积太大或颜色艳丽的花艺。

◆ 花艺容器造型对花艺设计的成败与否影响甚大

花艺容器造型

花艺通常需要用容器来呈现，容器的作用有两点，一是盛水，以保养和支撑花材；二是为了丰富花艺造型和色彩。容器是花艺整体造型中重要的组成部分，对烘托主题、强化意境有重要作用，所以容器造型的选择对花艺的成败影响很大。

设计师推荐 瓶花

设计要点 宜应用在优美豪华、古色古香或者清秀典雅的环境中，装饰性极强。

用各种瓶器插制的花艺称为瓶花，是最富特色最具代表性的一种形式。能够给人以崇高感和庄重感，此类花艺善于表现花材的线条美，具有美感和高雅感，对创作技艺要求较高。

盘花

以各种浅盘作容器插制成的花艺称为盘花。盘器一般身浅口大，盘内多放水，花材用花插固定和支撑，造型较为自由和写意，具有灵动感和禅意，善于表现大自然的景色。

设计要点 盘花适合俊雅的东方家居风格，包括中式、日式、韩式等。

篮花

使用各种花篮插制的花艺称为篮花，是花艺中广泛运用的一种表现形式，此类花艺质地轻盈，便于携带，插制简便随意。篮把在构图中还可起框景作用，巧妙应用可倍增造型美感。

篮花可随时更换摆放位置，篮子多为自然材料编织，最适合田园类家居。

钵花

钵器是介于瓶和盘之间的矮身广口容器，用钵器插制的花称钵花。钵器可以用花泥或花插固定花材，插制比较简便，尤宜插制各种几何形的造型，容花量大，图案造型丰富。

钵花含碗花和缸花，烘托气氛作用强烈，非常适合表现节庆气氛。

筒花

使用竹筒、木漆筒、笔筒等筒状容器插制的花称为筒花。此种插花形式源自我国五代时期，筒器可分为单隔筒、双隔筒等类型，构图比较灵活自由，善于组合造型，选用花材简练。

筒花造型曲折，具有雅致感，属于东方传统花艺，具有古典韵味。

◆ 花艺传情，不仅增加亲密感还能装饰居室

节日花艺

一年四季中有很多让人愉快的节日，可以用花艺来加强节日气氛。节日时可选用表现节日主题的花材，用绿色造型的叶子作背景花材，可适度使用与节日相关的装饰品，用缎带、包装纸、仿真花串、蜡烛等作陪衬装饰配件。

春节

中国传统喜庆节日，家里客人来往比较多，为给春节时期的家居增加喜庆气氛，可以选择有富贵、吉祥含义的花艺，最适合采用红色或以红色为主的花艺，表现带有传统韵味的喜气。

春节花艺配色可以喜庆喧闹一些，建议以暖色系为主色，造型可选西方花艺。

中秋节

中秋节是中国传统节日，具有团圆的含义。可以采用一些带有中国传统符号的花瓶，瓶内插菊花、谷穗等秋天特有的花材，表示秋天的到来，烘托中秋的气氛。

中秋节可以选择一些大气、耐人回味的中式风格花艺来装点居室。

母亲节

母亲节是西方节日，为了感谢母亲的养育恩情，越来越多的中国人也开始过母亲节。母亲节的代表花卉是康乃馨，在节日中，可以以康乃馨为主材制作节日花艺。

除了平日常见的花艺形式外，还可以制成花环等装饰，摆放在桌面上。

情人节

情人节现在已经发展成了大众节日，在美好的恋爱中，以花传情能够增加亲密度。典型的花材是玫瑰，每一种颜色的代表意义均不同，可以选择具有美好意义的颜色混搭。

除了玫瑰外，还可使用百合和郁金香等类似的花材。

儿童节

不仅成人喜欢花艺，大多数的儿童也喜欢花艺带来的感觉，花艺的蓬勃感与他们的年龄更相似。儿童节的时候在家中摆放一些活泼的花卉，能让孩子更加愉快，颜色可以多一些，还可以加入一些小玩具做造型。

儿童节的花艺可以随意一些，不用特别讲究造型，太阳花是不错的选择。

丰富的空间搭配素雅的花艺更突出

客厅以美式风格为装饰主题，整体配色虽然比较沉稳，但材料使用的种类很多，拼花出现得也多，所以花艺选择了较为素雅的配色，以绿色为主组合淡粉色和白色，在色彩上形成反差，互相衬托。

1 对比色西方半球形花艺
2 透明玻璃容器
3 相反色西方半球形花艺
4 透明玻璃容器
5 人造花艺
6 透明玻璃容器

花艺与居室风格的完美融合

1 白色直立式东方花艺
2 陶瓷容器
3 简约木质茶几
4 简约布艺

简约风格的客厅一切布置都非常简洁、利落，花艺无论是色彩还是造型，都与整体风格完美融合。比起西方花艺的华丽感，东方花艺的意境美更适合极简风格的居室。

1 白色平卧式东方花艺
2 镜面材料容器
3 金属烛台
4 白色半球形西方花艺
5 金属花器

淡雅的花艺为餐厅增添清新感

餐桌选择了黑色，搭配灰色系的餐具显得有些沉闷，此时加入了一组绿色为主白色为辅的花艺，与金属烛台组合，为餐厅带进了清新、灵动的感觉，弱化了餐桌的沉重感，使氛围更舒适。

Part 7 餐具

餐具是餐厅中重要的软装部分，精美的餐具能够让人感到赏心悦目，增进食欲，讲究的餐具搭配更能从细节上体现居住者的高雅品位。不同颜色及图案的餐具搭配，能够体现出不同的饮食意境。

◆ 与家居环境相符的餐具，能够使家居装饰更完美

餐具风格

餐具是家居生活的必需品，它有着源远流长的历史，随着饮食文化的演化和发展而逐步完善和丰富起来。不同地区的餐具具有各自鲜明的特征，例如东方的优雅含蓄，欧洲的精致典雅，使用与家居环境相符合的餐具能够使家居整体装饰更完美。

设计师推荐 田园风格

田园风格的餐具与造型简单的木质餐桌最为搭配，深浅色均可。

田园风格的餐具色彩清新淡雅、娇嫩恬静，图案多为洋溢着自然风情的植物或花草纹样，能够给人以温馨、舒畅的感觉，用此种风格的餐具用餐具有野餐一般的悠闲感。

中式风格

市面上的中式风格餐具材质有不锈钢、玻璃、木质和瓷质，但是正规的中餐餐具均为瓷质品。中式风格的餐具具有古典、雅致的韵味，多带有中式古典花纹或者各种水墨图案。

中式餐具中，盘子的种类最多，摆放时要清楚位置和作用。

欧式风格

欧式餐具可以分为瓷器、玻璃器皿和钢铁类餐具三大部分，通常带有繁缛精细的欧洲古典装饰纹样，配以高雅的灰色调或奢华的金银色，给人以优雅高贵的视觉感受。

欧式餐具中，刀叉的型号非常多，且作用不同，摆放位置也不同。

民族风格

民族风格具有典型地域特征的图案和色彩语言，是对一种文化传统、一种民族精神的诠释。具有代表性的如日式餐具、韩式餐具、非洲风格餐具等。

民族风格的餐具并不仅仅限于本风格家居使用。

儿童风格

儿童风格的餐具通常都采用强对比、高纯度的艳丽色彩，图案多为怪诞可爱的卡通形象，生机盎然，能够为生活增添童趣。此类餐具主要为陶瓷制品，也有一些不含有害物质的塑料制品。

为儿童提供一套专有的餐具，不仅能够促进他们的食欲，还非常卫生。

◆ 不同造型的餐具，传递的档次感、品味是不同的

餐具造型

不同造型的餐具体现出丰富的象征意义，传达出餐具本身的档次、品质、趣味、时尚等各方面的信息。把握好餐具形态的选择，才能使餐具在使用性能上更加合理，在情感人性化上更富亲和力，在审美情趣上更具艺术感染力。

几何形态

几何形态是指餐具的造型采用规则的几何形状，如圆形、方形、多边形等。此类餐具具有简洁大方、便于使用的特征，适用范围广泛，简约、质朴而不乏时尚。

设计要点 每一套以几何形为主的餐具，为了满足不同的使用功能，通常是用几种造型组合在一起。

仿生形态

仿生形态是指餐具的造型采用仿生的形态，如蝴蝶形、花瓣形、贝壳形等，仿生形态设计是对自然规律的一种提炼。形态各异、造型别致的仿生造型餐具，更具人情味儿。

设计要点 仿生形态的餐具彰显个性和品位，能够为饮食增添温馨的氛围。

◆ 按照摆放要求来布置餐桌，才符合用餐礼仪

餐桌布置

家居中最常烹饪的菜肴就是中餐及西餐，当遇到比较正式的用餐场合时，布置餐桌就需要按照要求进行，不符合菜肴特征的餐具布置，会让人感觉非常失礼，餐具的布置也是软装设计的一个重要部分。

中餐餐桌布置

骨碟（大盘）离身体最近，餐布一角压在大盘之下，一角垂落桌沿，小盘叠在大盘上面，大盘左侧放手巾，左前侧放汤碗，小瓷汤勺放在碗内，右前侧放置酒杯，右侧放筷子和牙签。

设计要点　骨碟是作为摆设使用的，没有其他用途，用它盛放东西是不合餐桌礼仪的。

西餐餐桌布置

大餐盘位于餐桌中央，面包碟在它右侧。正餐刀放在大餐盘右侧，鱼刀放在正餐刀右边。高脚水杯在正餐刀上方，香槟杯放在旁边，沙拉叉在大餐盘左侧，再左侧是正餐叉和鱼叉。

设计要点　西餐餐刀、餐叉比较多，位置一定要摆放正确，否则不合礼仪。

餐具材料

现代餐具除了陶瓷材料外，还不断地出现了不锈钢、玻璃、木质、竹质等多种材质。不同材料的餐具给人以不同的心理感受，恰当地选择餐具的材料，可以增加用餐过程的感性成分，让使用者感觉亲切、舒畅。

设计师推荐 竹木餐具

设计要点

稳重典雅的竹木制品具有特别亲切、质朴的感觉，同时保温、防烫、耐用。

以竹子和木材制成的餐具，按制作原料分为竹餐具和木餐具。最大优点是环保绿色，精美别致，不仅实用，而且还具有艺术点缀价值，既实用又兼具艺术装饰功效。

玻璃餐具

玻璃餐具是以玻璃为原料，通过各种方式加工制作成的，安全性较高，耐高温，导热性好；清洁卫生，不含有毒物质；颜色较多，效果晶莹剔透、高贵华丽。

设计要点

使用中稍有不慎就很容易碎裂，有孩子和老人的家庭不建议使用。

陶瓷餐具

陶瓷餐具是以黏土等无机非金属矿物为原料烧制而成的。它包括由黏土或含有黏土的混合物经混炼、成型、煅烧而制成的各种制品。陶瓷餐具造型多样、细腻光滑、色彩明丽且便于清洗。

陶瓷餐具基本上包含了各种风格的餐具类型，适用范围非常广泛。

骨瓷餐具

骨瓷餐具是以动物的骨炭、黏土、长石和石英为基本原料烧制而成的一种餐具。属于高档餐具，号称瓷器之王，外表看起来和陶瓷餐具很像。柔和、透明、强度高、韧性好。

特征和适用范围与陶瓷餐具相仿，但更具高档感，质感更好。

不锈钢餐具

不锈钢是由铁铬合金再掺入其他一些微量元素而制成的。金属性能良好，并且比其他金属耐锈蚀，制成的餐具美观耐用。此类餐具具有漂亮的外观、耐腐蚀的特性、不易损坏等优点。

由于主料为金属，还是对人体存在一些危害，体弱的人群不适用。

◆ 精美的餐具不仅具有实用性，还具有装饰作用

中餐餐具种类

中餐即指中国风味的餐食菜肴，它的历史非常久远，菜系众多，发展到现在已经不仅仅是满足生活需求的作用，更是一门饮食文化。中餐文化与餐具是密不可分的，不同的餐具用来盛放不同的菜肴，不仅具有实用性，精美的餐具更能为食物加分。

盘子

中餐餐具中的盘子属于主要餐具，包括大盘、12寸鱼盘、10寸盘、8寸深盘、8寸浅盘等，中餐中盘子的种类非常多，不同尺寸的盘子作用也不相同。

盘子在餐桌上一般要保持原位，而且不要堆放在一起。

碗

碗是日常生活中不可缺少的饮食器皿，口大底小，碗口宽而碗底窄。中餐中的碗是用来盛放主食、汤羹等食物的。正统的中式碗形状为圆形，少数为方形，现在还有很多不规则形状。

精致的中式碗，不仅具有实用性还能作为装饰品。

品锅

品锅是一种带盖、大尺寸、大容量食器，日常叫法为带盖汤碗、带盖汤锅。主要用于盛装主菜、汤菜，在中餐餐桌上应摆在正中央的位置。

品锅在餐前不需要提前摆放在餐桌上，有对应菜品时才需要使用。

筷子

筷子可以说是中国的国粹，它既轻巧又灵活，在世界各国的餐具中独树一帜，被西方人誉为“东方的文明”，它是中餐中不可缺少的餐具，通常配合筷架一起使用。

餐前摆放餐具时，筷子一定要整齐码放在饭碗的右侧。

汤盅

汤盅也叫炖盅，它的作用是用来盛放汤品，与品锅不同的是，仅用来盛放汤品不盛放菜品。它的个头比较小，通常用它来炖菜而后直接上桌。汤盅的款式比较少，通常为圆形。

汤盅也不属于布置餐桌类的餐具，只有有使用需要时才会摆在桌上。

骨碟

稍小点的盘子就是碟，碟是餐具的一种，骨碟的主要作用是盛放从公用的菜盘里取来的菜肴，在使用功能方面和碗略同。骨碟在布置餐桌时，通常会放在垫碟上面。

当主餐人将餐巾放在腿上时，示意用餐的开始。

勺子

中餐中的勺子主要指喝汤盛饭用的工具，也叫汤匙。勺子的种类很多，有不同材质和不同型号，具体作用也不同，正式一些的聚餐中，勺子通常使用陶瓷类或金属类。

勺子在布置餐桌时就应摆放在大盘的右侧，金属类放右手边，陶瓷类放碗内。

牙签筒

牙签筒是中餐餐具中特有的一种器具，它的作用是用来盛放牙签。虽然家居使用的牙签筒种类非常多，但正规一些的餐桌上摆放的牙签筒，造型通常都比较单调，材料以陶瓷为主，多为白色。

牙签筒的款式不需要太花哨，低调一些为佳，使用餐具中配套的即可。

◆ 清楚所有餐具的使用方式，才能更好地摆桌

西餐餐具种类

传统的西餐餐具都应是陶瓷制品和金属制品，其中刀、叉、匙分为金餐具、银餐具和钢餐具三种类型。其中最复杂的是刀、叉、匙的使用方法，最基本的使用方法是“从外到里”使用各种餐具，在进行餐桌布置时，需要根据它们的使用顺序来进行摆放。

盘子

西餐中的盘子包括展示平盘（12.5寸）、沙拉盘（8.5寸）、牛排平盘（10.5寸）、深汤盘（9~11.6寸）、面包/黄油平盘（6.5寸）和甜品平盘（7.5寸）。

设计要点　正规的西餐聚会中，盘子的形状均应为圆形，图案根据场合选择。

餐巾

西餐中餐巾不仅具有实用性，还可以暗示着宴会的开始和结束。餐巾应放在盘子里，如果是早、午餐没有底盘的情况，餐巾就放在盘子旁边，置于刀叉的中间位置。

设计要点　餐巾颜色的选择可与餐具颜色配套，如果餐具是白色，适合各种色彩的餐巾。

杯子

西餐中杯子包括水杯、香槟酒杯、红酒杯、鸡尾酒杯、高球杯、威士忌酒杯等。前三种需要在布置餐桌时就摆放在桌面上，其他几种不需摆放，主要材料为玻璃杯。

杯子的摆放顺序由内至外依次是水杯、香槟杯和葡萄酒杯。

酱料杯

西餐中的主菜为牛排、鸡排等肉类，通常需要配置相应口味的酱料，酱料杯的作用就是盛放这些酱料。此种餐具在家庭中较少应用，最多运用在宴会等正式场合中，不需摆桌。

正统的西餐中，所有的配料杯应与餐具的色彩相同，最常见的为白色陶瓷。

奶罐

非正餐餐具，一般用在下午茶中，用来装牛奶，方便将牛奶倒入咖啡或奶茶中，形状与壶类似，但没有盖子，口部有尖嘴，方便倾倒，尺寸较小。颜色和款式建议与其他茶具或咖啡器具配套。

奶罐可分为经典款和华丽款，可根据使用场合选择合适的类型。

糖罐

糖罐与奶罐一样，同属于非正餐餐具，也可用于下午茶中，用来盛放糖，其形状为球体，有盖子，有的有把手，有的没有。颜色和款式建议与其他茶具或咖啡器具配套。

正统的西餐糖罐应为陶瓷材料，款式和颜色与所使用的茶具配套为佳。

壶

西餐壶分为水壶和咖啡壶两种类型，分别用来装水和咖啡。水壶尺寸一般要比咖啡壶大一些，咖啡壶通常做工精致，带有精美的图案，与配套的杯子摆放在一起可以作为装饰品。

水壶根据使用场合的需求，可以选择陶瓷材料，也可选择玻璃材料。

咖啡杯

用来盛放咖啡的杯子，主要材料为陶瓷，通常都与咖啡壶为配套产品，包括颜色、花纹等方面。咖啡杯下方会带有咖啡碟，这个碟子没有实际作用，主要是为了方便放置咖啡杯，比较美观。

咖啡杯分为摩卡咖啡杯和其他款式咖啡杯，前者型号较小。

刀

西餐中餐刀主要有三种：一是切肉用的牛排刀，锯齿比较明显；二是正餐刀，锯齿不明显或没有，用来切割蔬菜、水果等食品；三是黄油刀，比较小一些，用来涂抹黄油。

牛排刀和正餐刀一般平行竖放在正餐盘的右侧，黄油刀放在面包盘上。

叉

餐叉与餐刀相似，也有很多种，其中最常用的是沙拉叉、正餐叉和水果叉。最小的是水果叉，横放在正餐盘的上方；其次是沙拉叉，也叫冷菜叉；最大的叫正餐叉。

餐叉摆放在左手边，按照用餐顺序依次摆放位置。

匙

餐匙最常见的有三种：一种是正餐匙，头部是椭圆形的，在吃正餐、主食等时使用，起到辅助餐叉的作用。另一种是汤匙，一般是圆头，用来喝汤。这两种勺子一般平行竖放在餐刀的右侧，汤匙放在外侧。

另外还有甜品匙，一般平放在正餐盘的上方，主要用来吃甜品。

◆ 酒具已经逐渐从饮用器具发展成为一种特有文化

酒具种类

饮酒作为一种社交需求，不论是好友交谈还是商务洽谈总是少不了酒的身影，酒具已逐渐从饮用器具发展成为一种文化和装饰品，精美的酒具能够增加人们心情的愉快感，酒具多为玻璃或水晶制品，根据饮用酒的类型不同，所使用的器具也不同。

醒酒器

醒酒器也叫醒酒瓶或醒酒壶，是一种饮用新发酵葡萄酒时所用的器皿，作用是让酒与空气接触，让酒的香气充分发挥，并让酒里的沉淀物隔开，葡萄酒醒酒器主要为玻璃或水晶制品。

醒酒器根据葡萄酒类型的不同略有区别，但大多情况下可以通用。

冰桶

冰桶的作用是盛放冰块，用来冷却那些需要在冰爽状态下品尝的葡萄酒。冰桶的款式千变万化，不仅能体现葡萄酒的饮用文化，使葡萄酒更高贵典雅，还具有装饰作用。

冰桶中加入水和冰的数量应该近似地相等。

红酒杯

红酒杯底部有握柄，上身较深，且圆胖宽大。主要用于盛放红葡萄酒和用其制作的鸡尾酒。主要材质有水晶和玻璃，水晶杯和玻璃杯带来的香气与口感会有细微差别。

在浪漫或温馨的情境中，宜选择设计大方、透明、球状或郁金香花形的红酒杯。

白葡萄酒杯

白葡萄酒杯底部有握柄，上身较红酒杯较为修长，弧度较大，但整体高度比红酒杯矮，主要用于盛放白葡萄酒。白酒杯中，布根地白酒杯的腰身要比红酒杯的稍大，属饱满型。

各种葡萄酒要选用不同种类的酒杯，才能显得更正式典雅。

香槟杯

香槟杯指专门在饮用香槟酒时使用的酒杯，是一种高脚杯。常用的为郁金香花形和笛形两种器型。杯身直且瘦长，具备一定的长度，从而能够充分欣赏酒体在杯中持续起泡的乐趣，杯子较小。

可分为浅碟香槟杯和郁金香花形香槟杯两种，前者可用于盛鸡尾酒，后者可细饮慢啜。

威士忌酒杯

指专门饮用威士忌时所使用的玻璃酒杯。酒杯呈圆桶形，高度较低，因为喝威士忌都要加冰的缘故，杯底都很厚。除了常见的圆柱形杯体外还有八角形的款式。

优质的威士忌专用酒杯应有纯净的外表，便于欣赏酒的色泽。

鸡尾酒杯

鸡尾酒是混合饮料，多数鸡尾酒需要经过冰处理或加冰，所以鸡尾酒使用的酒杯也是高脚杯。底部有细长握柄，上方约呈正三角形或梯形，属于酒杯中造型较为独特的一类。

鸡尾酒杯的种类也非常多，可根据酒品的不同具体选择合适的杯形。

白兰地酒杯

白兰地酒杯杯口小、腹部宽大，为矮脚酒杯，此种杯形能够留住酒香，它天生就有一种贵族的气质。切记不可与葡萄酒杯混用， 也不要用太深或太瘦长的杯， 大型的“气球”杯是不适宜的。

白兰地酒杯实际容量虽然很大，但倒入酒量不宜过多，以杯子横放时酒在杯腹中不溢出为佳。

案例解析

玻璃水杯增添时尚感

餐厅整体布置非常简约，餐具的摆放和颜色的选择也应与整体风格呼应，呈现出简洁、干净的装饰效果，在陶瓷餐具中加入两只西式玻璃水杯，晶莹的质感与中式花艺和餐具形成了碰撞，增添了时尚感。

1 中式陶瓷碗
2 中式陶瓷骨碟
3 中式陶瓷大盘
4 中式木筷
5 西式玻璃高脚水杯

质感风格的餐具增添了华丽感

1 西式餐巾
2 西式陶瓷盘
3 陶瓷咖啡杯
4 玻璃葡萄酒杯
5 不锈钢冰桶
6 玻璃香槟杯
7 不锈钢刀叉匙

不锈钢、陶瓷、玻璃的餐具组合闪耀着莹莹光泽，加以经典而又精致的欧式造型，为以木质家具为主的餐厅增添了华丽感。将餐具摆放在餐桌上，不仅方便使用，还具有非常舒适而又协调的装饰性。

精致的餐具提升了生活的品质感

1 餐桌垫
2 西式餐巾
3 不锈钢餐叉
4 不锈钢汤匙
5 西餐餐盘

餐桌垫乍一看不起眼，上面却缝制了很多珠片装饰，搭配香槟色的餐巾以及带有传统图案的餐盘和不锈钢叉、匙，餐具无论单体还是整体都给人非常精致的感觉，提升了生活的品质感。

Part 8

装饰画

装饰画属于一种装饰艺术，能够给人带来视觉美感，愉悦心灵。装饰画是墙面装饰的点睛之笔，即使是白色的墙面，搭配几幅装饰画也可以变得生动起来。装饰画没有好坏之分，只有合适与不合适的区别，所以它的搭配和选择可以说是一门学问。

◆ 装饰画风格的选择讲求意境，打破套路才更个性

装饰画风格

在固有的印象中，什么风格的装饰画与此类风格的家居搭配效果会最协调，一般采用最为保守也最不容易出错的风格组合方式。如果追求个性，可以打破固有思维，例如中式居室，墙面选择做旧感的水墨画就会很协调，即使是卡通主题也不会太突兀。

中式风格

中式风格的装饰画画风端庄典雅、古色古香。色彩古朴庄重，多以中国古典名人、山水风景、梅兰竹菊、花鸟鱼虫等为主题，具有典型的中式神韵。

保守的做法是搭配中式风格，个性的做法是与西房风格居室混搭。

新中式风格

新中式风格的装饰画，是古典含蓄美与现代实用理念的结合，题材比较广泛，能够体现和谐、含蓄、个性的均可。还可以配以马赛克、抽象主义、人物、摄影等现代装饰元素。

此类装饰画讲求的是意境的符合，没有明确的色彩、图案方面的限制。

欧式风格

欧式风格的装饰画特点是精致、复古，既追求深沉又显露尊贵、典雅。画框多采用线条烦琐、雕花的金边。类型不仅限于油画，还可选择欧式建筑照片或马赛克玻璃画等。

油画类厚重的画作适合古典类的风格，建筑或玻璃画适合新古典风格居室。

现代简约风格

现代简约风格的装饰画线条多简洁、抽象，内容含义并不一定要清楚，符合画面感即可。画面越简单越符合简约的特征，色彩可以是无色系也可以是对比的彩色。

适合现代简约风格的居室，也可以与后现代风格居室混搭。

后现代抽象风格

后现代风格装饰画内容多为一些抽象题材， 或者具象题材中个性十足的类型。除了抽象画， 还可采用以格子、几何图形、字母组合为主要内容的装饰画。主旨就是一切给人个性，前卫感的画均属于此类。

后现代抽象风格与相同风格的家居搭配最协调、舒适，也可与简约风格家居混搭。

卡通风格

卡通风格的装饰画就是以卡通为主题的装饰画类型。颜色饱满、色彩数量通常比较多，给人活泼、童真的感觉。题材多为卡通人物、动物、风景等。

最适合放在儿童房中，放在公共区域要注意整体风格是否协调。

美式风格

美式风格装饰画具有明显的美式民族特征，可以是乡村风景主题，美式人物、建筑的油画，也可以是美式经典建筑的照片或其他类型的具有民族特征的艺术画。

美式乡村家居比较厚重，适合搭配油画；比其他风格的选择范围要多一些。

田园风格

田园风格装饰画表现的主题是贴近自然，展现朴实生活的气息，特点是自然、舒适、温婉、内敛。题材以自然风景、植物花草等自然景物为主，色彩多平和、舒适，即使是对比色也会经过调和，降低刺激感。

田园风格装饰画适用范围非常广泛，包括中式乡村、英式田园、韩式田园等。

◆ 不仅限于纸质，装饰画的材料千变万化

装饰画材料

在多数人的印象中，装饰画都是纸质的，实则不然，装饰画的范围非常广泛，包括多种材料和制作方式，每一种都是独特的艺术品和装饰品。选择合适材料的装饰画，能够使家居装饰更具艺术美感。

设计师推荐 1 摄影画

设计要点：华丽色彩的古典主题可搭配欧式风格，简约的黑白画可搭配现代简约风格等。

摄影画是近现代出现的一种装饰画，画面包括“具象”和“抽象”两种类型。摄影画的主题多样，根据画面的色彩和主题的内容，搭配不同风格的画框，可以用在多种风格之中。

设计师推荐 2 丙烯画

设计要点：丙烯画无论怎么绘制都没有脏、灰的感觉，能够为家居增添活泼感和华丽感。

丙烯画是用丙烯颜料制成的画作，色彩鲜艳、色泽鲜明、干燥后为柔韧薄膜，坚固耐磨，耐水，抗腐蚀，抗自然老化，不褪色，不变质脱落，画面不反光，具有非常高级的质感，是所有绘画中颜色最饱满、浓重的一种。

油画

油画具有极强的表现力和丰富的色彩变化，透明、厚重的层次对比，以及变化无穷的笔触和坚实的耐久性。油画题材一般为风景、人物和静物，是装饰画中最具有贵族气息的一种。

欧式古典风格的居室，色彩厚重，风格华丽，特别适合搭配油画做装饰。

水彩画

水彩画是用水调和透明颜料作画的一种绘画方法，简称水彩，与油画一样，都属于西式绘画方法。用水彩方式绘制的装饰画，具有通透、清新的感觉。

水彩画题材广泛，根据题材和颜色的不同，适合不同的家居风格。

镶嵌画

镶嵌画是指用各种材料通过拼贴、镶嵌、彩绘等工艺制作成的装饰画，包括贝壳、石子、铁、陶片、珐琅等，不同的装饰风格可以选择不同工艺的装饰画做搭配。

根据使用的材料具体搭配，例如贝壳画适合地中海风格，石子画适合田园风格。

编织画

编织画是采用棉线、丝线、毛线、细麻线等原料编织而成的。图案色彩明亮，题材多为少数民族风情 、自然风光等，有较为浓郁的少数民族色彩，风格比较独特。

具有较强的民族特色，适合搭配相应的民族风格。

铜版画

铜版画指在铜版上用腐蚀液腐蚀或直接用针或刀刻制而成的一种版画，属于凹版，也称“蚀刻版画”。制作工艺非常复杂，所以每一件成品都非常独特，具有艺术价值。

铜版画艺术、典雅、庄重，适合搭配与其内涵相似的家居风格。

玻璃画

玻璃画是在玻璃上用油彩、水粉、国画颜料等绘制的图画，利用玻璃的透明性，在着彩的另一面观赏，用镜框镶嵌，具有浓郁的装饰性。题材多为风景、花鸟和吉祥如意图案等，也有人物，色彩鲜明强烈。

分为欧式和中式两类，分别适用于欧式风格家居和中式风格家居。

动感画

动感画是新型装饰画，有优美的图案、清亮的色彩和充满动感的效果。动感画以风景为主，生动逼真，古朴典雅。运用的技术能产生极佳的视觉效果，画中事物就有了动感。

特别适合用在主题墙上，例如电视墙、沙发墙、餐厅背景墙等位置。

木质画

木质画是以木材为原料，经过一定的程序胶粘而成。木制画的品种很多，包括碎木片拼贴而成的写意山水画，层次和色彩感强烈；木头雕刻作品，如人物、动物、脸谱等。

木质画具有质朴感和生动的装饰效果，很适合自然风格的居室。

金箔画

金箔画是以金箔、银箔、铜箔为基材，以不变形、不开裂的整板为底板， 经过塑形、雕刻、漆艺加工而成的。具有陈列、珍藏、展示的作用，使用范围广泛，能够烘托场景气氛。

此类装饰画名贵典雅，豪华气派，并产生强烈的视觉感染力，适合华丽居室。

丝绸画

丝绸画是以真丝为底材绘制而成的。包含纯手工绘制和印刷两大类，纯手工绘制的价格较高，具有艺术价值和收藏价值；印刷的价格较低，适合多数家庭，图案多为花鸟。

手绘丝绸画属于室内高端装饰品，可用来装饰背景墙。

烙画

烙画是在木板上经高温烙制而成的，图案的色彩稍深于木原色。此类装饰画图案的线条较细，效果细致入微。烙画多采用国画笔法，一般为传统山水或动物画，古色古香。

烙画具有中国特色，适合中式风格或新中式风格的居室。

磨漆画

磨漆画是以漆作颜料，经逐层描绘和研磨而制作出来。制作出来的画具有色调明朗、深沉， 立体感强， 表面平滑光亮等特点。画面多用黑漆磨光，所以表面呈现出宝石般的乌亮光泽，古朴浑厚，富丽堂皇。

磨漆画既是装饰品又是艺术品，极具个性，多采用中式传统图案，适合中式风格。

◆ 合适的边框，才能让装饰画的装饰作用更突出

装饰画画框形式

装饰画不可能是单独存在的，通常都会被人们套上美丽的“外衣”，装饰画图案、颜色、题材的不同，决定了并不是所有的画框材料都适合与其搭配。只有选择合适材料及颜色的画框，才能让装饰画的装饰性发挥到极致。

设计师推荐 实木框

设计要点 实木框适合搭配简约、现代、中式、田园等风格的装饰画。

实木框内芯材料为木头质地的木线条，特点是质量重、质地硬，但不能弯曲，质感低调、质朴，造型为平板式或带有雕刻，能承受较大重量的画作，颜色多为木本色或彩色油漆。

金属框

金属框的主要制作材料为金属，包括不锈钢、铜、铁、铝合金等。或现代，或古朴厚重，可低调可奢华，可选择性较多。根据金属硬度的不同，能够承受不同重量的画作，颜色较少。

设计要点 金属框质感主要分为抛光和做旧两种，前者个性、前卫，后者古典、朴实。

塑料框

以塑料为原料制成的画框，采用压制的方式成型，款式和颜色非常多，即使是带有雕花的款式也能制成，还有各种其他画框难以达到的造型，是比较经济的一种画框。

根据造型和色彩的不同，适合搭配不同风格的画作，金色华丽型适合油画。

无框

以无框的表现形式，使装饰画表现出时尚、现代、无拘无束的个性，能够增添活力。可以用套画、多拼画的形式，是现代装饰的潮流。减少了画框成本，更加经济。

适合简约的装修风格，尤其是现代风格的居室。

树脂框

以树脂为原料制成的画框，与塑料画框一样都是压制成型。可以仿制很多其他材料的质感，例如金属，且非常逼真，硬度高、质地坚硬、耐久度高， 形状和颜色较多，是一种非常具有观赏价值的画框。

树脂框与塑料画框类似，搭配范围非常广泛，适合各种风格家居。

◆ 悬挂基本原则为无序中有序，避免给人凌乱感

装饰画悬挂形式

在装饰居室的时候，用装饰画来布置一面墙壁，既有艺术感又经济实用。单幅的大幅画作能够突出视觉效果，而用多幅装饰画组合起来也能够达到引人注目的装饰效果。在悬挂多幅装饰画时需要有一个基本的准则，形成无序中的有序，避免凌乱感。

设计师推荐 建筑结构式

适合建筑有特点的家居空间，能为家居空间增添艺术感。

如果房间的层高较高，可以沿着门框和柜子的走势悬挂装饰画，这样在装饰房间的同时，还可以使建筑空间中的硬线条显得柔和。而在楼梯间，则可以以楼梯坡度为参考线悬挂一组组装饰画，将此处变成艺术走廊。

对称式

这种布置方式最为保守，不容易出错，是最简单的墙面装饰手法。将两幅装饰画左右或上下对称悬挂，便可以达到装饰效果。而这种由两幅装饰画组成的装饰更适合面积较小的区域。

需要注意的是，这种对称挂法适用于同一系列内容的图画。

重复式

面积较大的墙面则可以采用重复挂法。将三幅造型、尺寸相同的装饰画平行悬挂，成为墙面装饰。需要提醒的是，三幅装饰画的图案包括边框应尽量简约，浅色或是无框的款式更为适合。

设计要点 图画太过复杂或边框过于夸张的款式均不适合这种挂法，容易显得累赘。

水平线式

如果将若干照片或装饰镶在完全一样的相框中悬挂在墙面上难免过于死板。可以将相框更换成尺寸不同、造型各异的款式，可以以画框的上缘或者下缘为一条水平线进行排列。

设计要点 此种悬挂方式非常适合有旅游或摄影爱好的居住者。

方框线式

在墙面上悬挂多幅装饰画还可以采用方框线挂法。首先需要根据墙面的情况，在脑中勾勒出一个方框形，以此为界，在方框中填入画框，可以放四幅、八幅甚至更多幅装饰画。

设计要点 悬挂时要确保画框都放入了构想中的方框中，整体应形成一个规则的方形。

装饰画摆放形式

家居中的装饰画，除了常见的悬挂形式外，还可以用摆放的方式来展示，但摆放的方式会同时占用墙面及平面的面积，适合空间充足的情况。摆放布置需要一个平台，最常用的为各种柜子，例如书柜、装饰柜、电视柜等。

单体摆放

单体摆放是指将单幅装饰画单独摆放，适合幅面比较大的画作。这种摆放方式非常大气，画作前方可以搭配一些花艺、工艺品等小的景致，为居室增添一道风景。

此种方式装饰画的选择很重要，建议选择与居室整体风格、色彩呼应的系列。

组合摆放

将多幅装饰画或摄影作品以组合的方式摆放出来，适合内容为同一系列的作品。这种方式能够强化风格主题，用重复的方式加强视觉冲击力，即使是小幅作品也能引人注意。

可以选择同样大小的画框，但采用不同尺寸的画框组合更有层次感和艺术感。

◆ 印刷做法可选择性多，手绘装裱艺术价值高

装饰画制作形式

现代家居常用的装饰画，按照制作形式可以分为印刷和手绘装裱两类，分别适合不同的家居。同样是山水主题，印刷的装饰画比较死板，缺乏灵动感，但价格较低，能够被大多数人接受；而手绘的则更具灵气，具有收藏价值，但价格高。

印刷

印刷品装饰画是目前市面上的主打产品，制作方式是由出版商挑选一些优秀作品，通过印刷的方式将作品呈现出来。包括画家的画作、摄影家的摄影作品及卡通人物等。

设计要点：此类装饰画包括了各种风格的画作，颜色和风格多样，可选择范围广。

手绘装裱

手绘装裱类的装饰画中，中国画和油画是典型的代表，此类画作艺术价值很高，因而价格也昂贵，不仅具有装饰性和观赏性，还具有很高的收藏价值。

设计要点：不同内容的装裱画，适合不同的家居风格，此类画作能够为家居增添艺术感。

案例解析

1 中式风格金属框丝绸画
2 中式风格木质坐榻
3 中式风格青花瓷台灯
4 中式风格丝绸桌旗

用装饰画强化居室内的中式韵味

客厅中家具选择了以中式古典类型为主的款式，没有使用沙发而是采用坐榻，搭配同系列茶几和青花瓷台灯，古韵浓郁。为了强化这种感觉，墙面选择了一组花鸟图案的丝绸水墨画。

摄影画组合增添艺术感

1 方框线式摄影画组合
2 现代风格布艺沙发
3 简现代风格布罩台灯
4 现代风格布艺脚凳

用方框线式的摄影画组搭配现代风格的居室，为客厅增添了艺术感，同时将墙面变得具有装饰性和展示性，彰显出了主人的摄影爱好和文化素养。选择了同样形式的画框，即使画的内容和大小不同，也具有统一感。

1 重复式简约装饰画
2 简约风格金属台灯
3 简约风格休闲椅
4 简约风格天丝床品

装饰画的选择体现简约精髓

卧室整体配色都非常清新、简练，为了不破坏这种感觉，装饰画的色彩也与墙面和家具呼应，选择了白色木质边框，并作大量留白处理，搭配简约线条的图案，体现了简约的精髓。

Part 9 绿色植物

在家居中摆放一些绿色植物，不仅仅能够美化家居环境，使人亲近自然，还具有实际的功用，如净化空气、驱蚊、吸收甲醛等。绿色植物的种类可以结合居室风格以及功能需求选择，摆放可以根据居室的面积选择具体位置。

◆ 根据植物的大小及生长习性，决定具体的位置

植物造型

植物的生长习性不同，决定了它们的造型和尺寸也是千变万化的，家用植物有特别高大的也有非常袖珍的，不同造型的植物功能不同，摆放位置也需要区别对待。了解不同绿植的造型特点，能够更好地美化家居环境。

设计师推荐 小盆栽

设计要点 现在较为流行的多肉植物就属于小盆栽，此类盆栽成组摆放更具趣味性。

高度小于30cm的盆栽为小盆栽，单手可以搬动，打理、观赏都很方便，可放在茶几、书桌、柜子上面，适合没有太多精力管理绿植的人群，尤其是15～20cm的盆栽最容易搭配。

大型盆栽

大型盆栽一般高度为75～90cm，可按照树型、树数、树高、树种、观赏及格调分类。这种盆栽具有气派的格调，同时具有古典气质，适合摆放在客厅、餐厅等宽敞的空间中。

设计要点 家庭常见大型盆栽为绿巨人（银苞芋）、酒瓶兰、橡皮树、铁树（苏铁）、发财树（瓜栗）、棕竹、鸭脚木等。

中型盆栽

中型盆栽一般高度为30～75cm，一个人就可以移动，方便打理。可任意放在玄关、客厅、茶几等处，是目前最受欢迎的盆栽类型，最具观赏价值，最能表现盆栽家盆艺手法。

设计要点 常用品种为富贵竹、吊兰、龟背竹、铁线蕨、银皇后、非洲茉莉等。

爬藤

爬藤是指能够沿着物体自行攀爬生长的植物，这类植物线条可以自由延伸，如果不去截断，可以自由爬行非常远的距离，非常适合放在阳台上，能增加田野气息。

设计要点 家用爬藤类植物有常春藤、铁线莲、绿萝、茑萝、金银花等。

盆景

盆景是中国传统艺术之一，顾名思义，就是在盆内以各种材料来表现自然景观。以山石、水、植物、土等为材料，不仅具有观赏价值，还有收藏价值。家用一般为小型盆景，可以摆放在桌案上，也可单配架子。

设计要点 盆景特别适合摆放在中式风格的家居环境中，能够增加意境。

◆ 不同植物不同功效，选择恰当功效的植物能加分

空间分类

家居植物通常都具有不同的功效，有的可以清除甲醛，有的可以清除油烟，有的适合观赏，有的能够吸收辐射等。而不同的功能区域，所适合摆放的植物也是有区别的，应结合家庭空间的功能性具体选择。

客厅

客厅作为接待客人的空间面积，通常比较宽敞，可选择一株或者两株大型植物放在墙角处或沙发旁边，要注意摆放的位置不能影响室内交通和视线。

适合客厅放的植物有发财树（瓜栗）、幸福树（菜豆树）、金钱树（雪铁芋）、花叶万年青、龟背竹、绿宝石（喜林芋）等。

餐厅

餐厅不适合摆放一些带有香味和异味的植物，如果餐厅面积够大，可以在角落摆放大、中型的盆栽；小餐厅选择小盆栽，也可以选择垂直绿化的形式，以带有下垂线条的植物点缀空间。

餐厅可以选择仙客来、非洲紫罗兰、长寿花（圣诞伽蓝菜）、绿萝、金盏菊、四季秋海棠等。

卧室

卧室是用来休息的地方，在选择植物时需要注意避免选择释放有害气体、有香味、带尖刺或者大量释放二氧化碳的植物，避免大型植物，尽量选择小型植物。

可选择的植物有小型虎皮兰、芦荟、罗汉松、黄金葛、绿叶吊兰、鸟巢蕨等。

书房

书房是需要相对安静一些的环境，所以不建议多摆放植物，也不建议摆放大型植物，可以在书桌或者书橱上摆放比较文艺的小绿植，最好不要选择开花的种类。

薰衣草、薄荷和茉莉，这些绿植有着很好的提神醒脑的效果，适合书房。

厨房

厨房是家居空间中空气最污浊的区域，需要选择生命力顽强、体积小并且可以净化空气， 对油烟、煤气等有抵抗性的植物。数量宜少不宜多，位置应远离火源，避免失水。

适合冷水花、吊兰、红宝石（红宝石蔓绿绒）、鸭跖草、绿萝、仙人球、芦荟等。

儿童房

儿童的抵抗力低于成年人，对很多花草有过敏反应，因此儿童的房间不宜过多地摆放花草，需要精心挑选一些安全的、能够去除有害气体的种类，不能放带有危险性的尖刺植物。

迎春花、广玉兰、万年青容易引发过敏；仙人掌、仙人球带有尖刺。

卫生间

卫生间一般不适宜放一些比较好看的开花植物，其空间通常比较阴凉，选择植物的时候应结合植物的习性，适宜选择以吸收有害气体为主、且喜欢阴凉的绿植，数量宜少不宜多。

一些小型的或者水培的绿萝、绿叶吊兰、西瓜皮、常春藤均适合。

阳台

阳台是家中阳光最充足的地方，温度适宜，比较适合植物的生长，非常适合把阳台打造成家庭的小花园。宽敞的阳台可以用多种造型的植物混搭，例如大盆栽搭配爬藤、小盆栽等，小阳台可以养小盆栽。

可以选择一些四季常青或者四季开花的植物，如果面积小可以养多肉植物。

◆ 清楚有害植物的类型，避免对人体造成伤害

有害植物

绿色植物虽然具有不可替代的装饰、美化家居空间的作用，但并不是所有的绿色植物都适合摆放在家中。有一些植物的枝叶或汁水含有毒素，有一些特别的香味对人体有害，有些植物容易引发部分人群过敏，这些都应避免摆放在室内。

散发异味的植物

夹竹桃的花香能使人昏睡、智力临时降低；郁金香、夜来香香味浓烈，且容易引发一系列病症；松柏类会分泌脂类物质，放出较浓的松香油味，易使人恶心、食欲下降。

这些植物不适合摆放在室内，特别是老人房和儿童房中。

易使人过敏的植物

月季、玉丁香、五色梅、天竺葵、紫荆花、迎春花、广玉兰、万年青等植物，有些人碰触抚摸它们，可能会引起皮肤过敏，甚至出现红疹等状况。

此类植物不适合放在易过敏人群的居室内，也应远离老人和儿童。

◆ 根据植物的具体功能，决定它们的摆放位置

植物功能分类

据不完全统计家居植物种类可高达400多种，这些植物有的具有纯粹的观赏作用，有的具有环保效益，还有的可以杀菌、防辐射。根据它们功能的不同和习性的不同，可以决定它们的摆放位置。

利于环保的植物

吊兰、绿萝、铁线蕨、常青藤、蔷薇、芦荟等，这些植物可净化空气，吸收有害气体。波士顿蕨每小时能吸收大约20 μg甲醛，因此被认为是最有效的生物“净化器”。

此类植物适合刚刚装修完，或者有去除甲醛需要的居室。

驱蚊的植物

驱蚊草学名香叶天竺葵，可以散发香茅酸等物质，达到驱蚊效果；薰衣草不仅是驱蚊上品，还能够安眠；薄荷草，清凉油的主材；碰碰草，草本植物，其特殊气味可以驱蚊。

可以把这些具有驱蚊效果的植物放在门口或者窗户旁，达到驱赶蚊子的目的。

杀菌的植物

龟背竹是天然的清道夫；金心吊兰可以清除空气中的有害物质；非洲茉莉产生的挥发性油类具有显著的杀菌作用；滴水观音（海芋）有清除空气灰尘的功效；绿叶吊兰有“绿色净化器”之称。

设计要点 不仅适用于装修后的新房，日常生活中也非常适用，能够提高空气质量。

抗辐射植物

抗辐射植物是指能够吸收辐射的植物，仙人球、仙人掌、仙人指、量天尺等植物均能吸收一定的紫外辐射。此外还有宝石花、虹之玉、玉扇、熊童子等多肉植物。

设计要点 此类植物可以放在阳光比较充足的家具上，如阳光照射时间长的书橱、书桌上。

观赏植物

家居观赏植物是专门供观赏的植物，一般都有美丽的花、奇特的叶或者形态非常奇特。多数都有美化环境、改善环境和调节人体健康的功能。直立型的可落地摆放；匍匐型的，可作为悬吊式布置。

设计要点 选择观赏类植物不仅要考虑大小、位置，还应将植物的习性考虑进去。

◆ 为植物选择合适的“外衣”，让它们的美感升华

容器选择

栽培绿植的容器犹如外衣，就像不同的人适合穿不同的衣服一样，不同的植物适合搭配的容器也不尽相同。选择适合的容器来栽培不同的观赏植物，不仅能够让它们各自独特的美得到展示，还能提升观赏价值，给人以视觉美的享受。

色彩选择

绿植容器色彩不仅要与植物的颜色相结合、相搭配，也要考虑周围环境的需要。浅颜色尤其是白色或近白色的容器最百搭，深颜色的容器宜尽量搭配浅颜色的植物，并摆放在浅色调的环境中。

设计要点：若深色容器与环境或植物搭配不当，不仅会使植物暗淡，还会使居室更压抑。

图案选择

可爱的多肉植物可以栽种在图案比较活泼的容器中，像文竹等一些适合摆放在安静环境中的植物，适合陶土烧制的褐色花盆，图案建议选择复古的风景画或是诗词名句。

设计要点：容器上的图案与植物的特征和品格相搭配，才能起到画龙点睛的效果。

用绿植软化居室冷硬的线条

阳台采用仿古地砖搭配简约风格的家居，整体都显得非常冷清、素雅，但有些缺乏人情味，选择一个大型盆栽搭配几个小型盆栽，放在不同的位置，弱化了冷硬的线条，增添了生活情趣。

1 阳台大型盆栽
2 阳台小型盆栽
3 阳台小型盆栽
4 阳台小型盆栽

1 大型客厅盆栽
2 小型客厅盆栽

用绿植强化地中海风格特征

地中海风格的客厅，整体配色都比较素雅，表现出地中海风格居室淳朴的一面，为了避免显得过于平淡，加入了一个大型盆栽在沙发旁，一个小型盆栽摆放在茶几上，为空间增添了绿意，强化了地中海自然的韵味。

1 大型客厅盆栽
2 中型客厅盆栽

大客厅选择大、中型绿植丰富装饰效果

客厅面积很宽敞，在不影响活动前提下，在沙发旁和电视柜旁分别摆放一个大型盆栽和中型盆栽，丰富了居室的装饰效果，增添了自然感，能够给人带来美好的感受。